今の実力で

「見て」「書く」だけで

10アップ！

高校受験の

数学

高校入試、定期テスト、内申点アップ、模擬試験……

間地秀三

青春出版社

はじめに

この3つを押さえておくだけで、10〜15点アップする理由

数学の問題はいつも、どこから手をつけていいか分かりません!

大丈夫です。考えなくてもできるようにしちゃいます。

私は数学以外は結構得意ですが
数学だけ苦手です。
数学のない国に行けたらと
よく思います。

正直、そういう生徒さん結構います。

計算はできますが
応用問題となると苦手です。
それを、考えなくてもできるって
話がうますぎませんか?

うますぎません。本当です。
数学が得意な人は、
関数や方程式、
図形の標準的な応用問題を解くとき、
実はたいして考えていません。

本当に?

では具体例で説明しましょう。

これは大阪府の高校入試問題（改題）です。

mはy＝aX²のグラフです。A、Bはm上の点であり、

Aの座標は$(3, \frac{9}{2})$、BのX座標は−1です。

nは点Bを通り傾きが2の直線です。
直線nの式を求めてください。

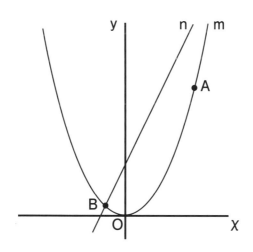

さあ、ためしにやってみてください。

 どこから手をつけるかちょっと考えます。

はい、ここで鉛筆を持った
手が5秒か10秒か、
それ以上か止まりますよね。
ここがあなたが数学が苦手な原因です。

では数学の得意な人はどうするんですか?

まずこのように、問題文に書いてあることを
グラフに書き入れます。
これは誰でも機械的にできるはずです。

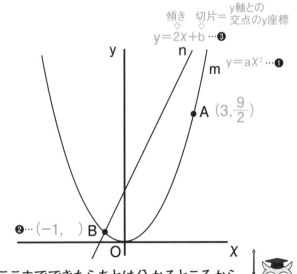

ここまでできたらあとは分かるところから
❶→❷→❸と順に解いてみてください。

❶ A$\left(3, \frac{9}{2}\right)$が$y=aX^2$上の点だから

$\overset{\frac{9}{2}}{\Uparrow} \quad \overset{3}{\Uparrow}$

$\frac{9}{2}=a\times(3)^2 \quad a=\frac{1}{2} \quad y=\frac{1}{2}X^2$

❷ $y=\frac{1}{2}X^2$ に$X=-1$を代入

$y=\frac{1}{2}X^2 \qquad y=\frac{1}{2}\times(-1)^2=\frac{1}{2}$
$\underset{-1}{\Uparrow}$

❸ B$\left(-1, \frac{1}{2}\right)$が$y=2X+b$上の点だから

$\overset{\frac{1}{2}}{\Uparrow} \quad \overset{-1}{\Uparrow}$

$\frac{1}{2}=2\times(-1)+b \quad b=\frac{5}{2}$ \qquad A. $y=2X+\frac{5}{2}$

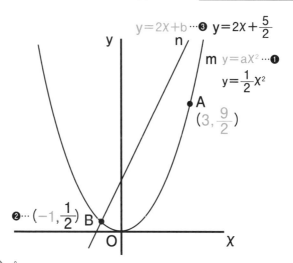

❶→❷→❸とイモヅル式に答えが出ました！

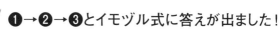

考えましたか？

とくに何も考えませんでした。

関数や方程式、図形の標準的な
応用問題なら考えなくてもできるとは
こういうことなんです。

今までの苦労はなんだったのか？　と
損した気分です。

これまでのあなたは、

問題を
読んで

解き方が思いついたら
解き始めました。

この時間が
もったいない！

これからのあなたは、

問題を読みながら
書き込んで

分かるところから
イモヅル式に求める

時間のロスがなく
スムーズに解ける。

本書でこのいい習慣を身につければ
今のままの実力で要領よく、
テストで＋10点も夢ではありません。

私、今まで数学が苦手だからだと
思っていましたが
要領が悪かっただけなんですね?

そのとおりです。
関数でも方程式でも図形でも、
積極的に書き込むという姿勢でやれば
もっとできてたはずです。

さっきから関数、方程式、図形を
強調していますが、テストでは
この3つがとくに大事なんですか?

いいところに気づきましたね。
この3つはとくに、問題文にあることを
「見て」「書く」だけで、ほとんどの問題
が「考えなくても解けてしまう」んです。

それが本当ならうれしいですね!

本当です。しかも、この3つの問題が
解けるかどうかで、テストの点数が
大きく変わる配点になっているので、
あなどれません。

考えなくても解けるのに、
そこで点数を落とすって
もったいないですね。

そのとおりです。
だから、この本ではてっとり早くテストで
点数を上げるために、関数、方程式、
図形の3つに重点をおいて書いています。

なるほど。

もちろん、この3つ以外でも、
テストで点数を落とさないポイントを
紹介していますので、安心してください。

分かりました。

そして、この本をひととおり学んだら、
巻末の「考えなくても解ける」模擬テストを
やってみてください。今までとどこか違うはずです!

どこが違うんですか?

応用問題も積極的に問題文に
書かれていることを書き込んでいけば、
なんとかなる。そういう気持ちになると、
どこから手をつけたらいいかと思って
あせることもなく、時間の無駄もなく、
その結果、計算ミスによる失点も防げます。

応用問題が分かると
計算ミスも減るんですね!
そうすれば、たしかに+10点は可能ですね!

お分かりいただけましたか!
高校受験を目指している受験生の皆さん、
中間・期末テストや模擬試験が
目前にせまった中学生の皆さん、
今からでも、遅くありません。
ぜひ本書をおためしください!

本書の使い方

　この本では、高校の入学試験や、中学校の定期テスト、模擬試験（模試）などの中学数学の試験で、今の実力のままで＋10〜15点取るためのエッセンスを紹介しています。

　「関数」「方程式」「図形」の3つのテーマを中心に、問題文にあることを「見て」「書く」だけで答えが出せるコツです。

　あらゆる中学数学の試験対策として、また、中学数学の復習・学び直しに、「なんだ、数学ってこんなスムーズに解けたんだ！」と思えるようになること間違いなしの一冊です。

> それぞれのテーマにおける「見て」「書く」ためのポイントです。

> 練習問題は、全国の公立高校の入試で出題されたものや、それに準じる問題です。

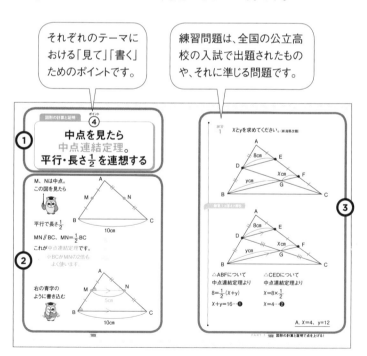

① 「関数」「方程式」「図形」それぞれの問題パターンの「見て」「書く」解き方のポイントをまとめています。まずは、これをしっかり頭に入れましょう。

② ①の具体的なやり方を、分かりやすく解説していきますので、数学が苦手な人でも安心してついていけます。

③ 各テーマには必ず、実際の高校入試で出題されるなどした練習問題がついていますので、①②でマスターした方法で解いてみてください。驚くほどスムーズに解答にたどりつけるはずです。

計算問題の直前対策では、うっかりミスをしがちなポイントを押さえています。

④ 本書の後半には、計算ミス、失点をしがちな計算問題を紹介しています。試験直前にやっておけば、もったいない失点が防げて、点数が安定します。

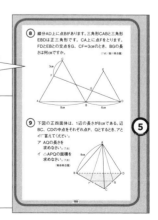

総仕上げとしての模擬テスト。ここで自信をつけて本番に臨みましょう!

⑤ 巻末には、総仕上げとして、高校入試の標準的な問題レベルの模擬テストがあります。本書をひと通りマスターしたら、「考えなくても解ける」ようになっているはずです。ぜひチャレンジしてください!

「見て」「書く」だけで
今の実力で10点アップ！ **高校受験の数学**

目 次

PART 1 「見て」「書く」だけで
関数で点が取れる！

付録

計算ミス、うっかりミスをしなくなる
計算問題の直前対策

総仕上げ

「考えなくても解ける」
模擬テスト

※本書中、末尾に（　）がある問題は、その都道府県の公立高校や、
　私立高校の入学試験で出題された問題であることを意味します。
　また、改題とあるものは、それを改変したものを意味します。

本文デザイン・DTP……………………………orangebird

カバー写真……Anastacia-azzzya/Shutterstock.com

本文イラスト………………………………嘉戸亨二

「見て」「書く」だけで
関数で
点が取れる！

関数の問題は
毎回どこから手をつけるか
迷ってしまいます。

Don't worry.
要領さえわかれば
関数の問題は楽勝です。

ポイント
①

問題文に
書いてあることを
すべてグラフに書き込む

この方針で手を動かせば、
標準的な応用問題なら、
イモヅル式に答えが出ます。

❶ 比例と反比例の問題

【ウォーミングアップ❶】

yはXに比例し、X＝2のとき、yは−8である。

① yをXの式で表してください。

② y＝12のときのXの値を求めてください。(栃木県改題)

> yはXに比例とあったら、y＝aXとおきます。
>
> X＝2のとき、yは−8だから
>
> −8＝a×2　a＝−4
>
> ①y＝aX にa＝−4を代入して　　A. y＝−4X
>
> ②y＝−4X にy＝12を代入　12＝−4X　　A. X＝−3

【ウォーミングアップ❷】

yはXに反比例し、Xの値が4のとき、yの値は12です。

① yをXの式で表してください。

② X＝6のときのyの値を求めてください。(山梨県改題)

> yはxに反比例とあったら、　$y＝\dfrac{a}{X}$ とおきます。
>
> X＝4のとき、yは12　$12＝\dfrac{a}{4}$　a＝48
>
> ①$y＝\dfrac{a}{X}$に a＝48を代入して　　A. $y＝\dfrac{48}{X}$
>
> ② $y＝\dfrac{48}{X}$ にX＝6を代入　$y＝\dfrac{48}{6}$　　A. y＝8

例題
1

「反比例のグラフ…ア」上に2点A、Bがあり、このグラフと「関数y＝2X…イ」のグラフが点Aで交わっています。点AのX座標が3、点BのX座標が−9のとき、この反比例の式と点A、Bの座標を求めてください。(三重県改題)

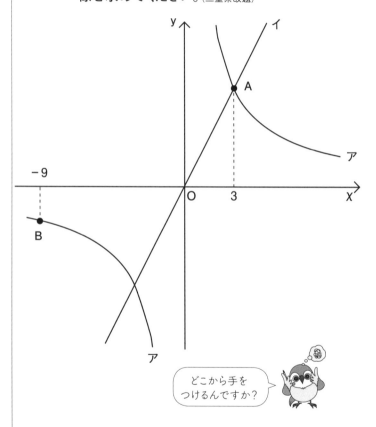

どこから手をつけるんですか？

こういう生徒さんが結構いますが
Don't worry.

まず 手順1

問題文に書いていること（青字部分）を
グラフに書き込んでください。

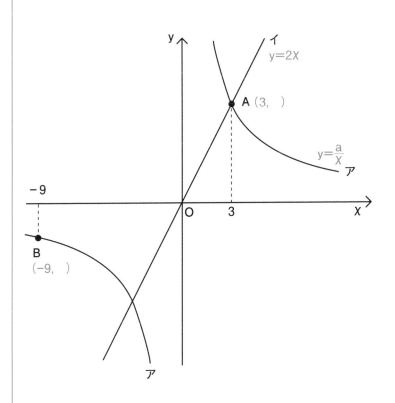

次に 手順2

❶→❷→❸と分かるところから
イモヅル式に求めます。

❶ A (3,6) ⇦ y=2X のXに3を代入
　　　　　　　　y=6

❷ $y=\dfrac{18}{X}$ ⇦ $y=\dfrac{a}{X}$ のyに6、Xに3を代入

　　　$6=\dfrac{a}{3}$　なので　a=18

❸ B (−9,−2) ⇦ $y=\dfrac{18}{X}$ のXに−9を代入
　　　　　　　　　　y=−2

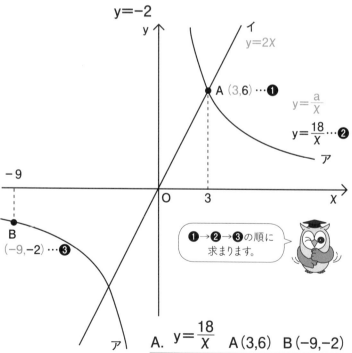

❶→❷→❸の順に
求まります。

A. $y=\dfrac{18}{X}$　A (3,6)　B (−9,−2)

練習
1

原点OとA（4,2）を通る直線アが反比例のグラフであるイと2点で交わっています。交点の1つである点BのX座標が-2のとき、この反比例の式を求めてください。(宮城県改題)

手順1
問題文に書いてあることを□に書き込んでください。

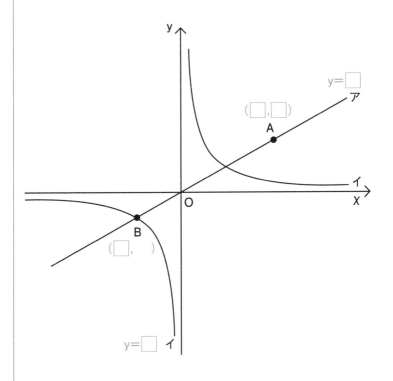

❶→❷→❸と分かるところから
イモヅル式に求めてください。

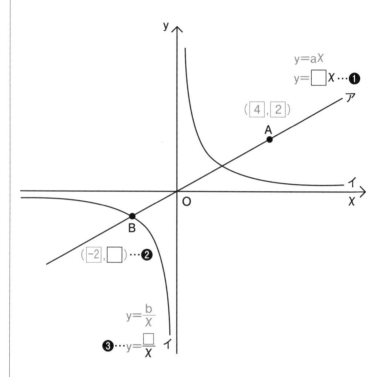

$y=ax$

$y=\boxed{}x\cdots$❶

($\boxed{4}$, $\boxed{2}$)

ア

A

イ

O

X

B

($\boxed{-2}$, $\boxed{}$)$\cdots$❷

$y=\dfrac{b}{x}$

❸$\cdots y=\dfrac{\boxed{}}{x}$ イ

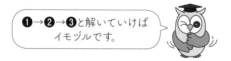

❶→❷→❸と解いていけば
イモヅルです。

❶ $y=\dfrac{1}{2}X$

A点$(4,2)$が $y=aX$ 上の点だから

$2=a\times4$

$a=\dfrac{1}{2}$

> グラフ上の点は
> グラフの式を満たす、です。

仮に$y=aX^2$のグラフ上に$(2,4)$があれば

$4=a\times2^2$です

❷ $(-2,-1)$

$y=\dfrac{1}{2}X$ のXに-2を代入　$y=-1$

❸ $y=\dfrac{2}{X}$

$y=\dfrac{b}{X}$ 上にB $(-2,-1)$があるから

「グラフ上の点はグラフの式を満たす」より

$-1=\dfrac{b}{-2}$

$b=2$

$y=\dfrac{b}{X}$ に代入

A. $\dfrac{y=\dfrac{2}{X}}{}$

【ウォーミングアップ】

❶ 下の1次関数のグラフの式 と
❷ A点のy座標を求めてください。

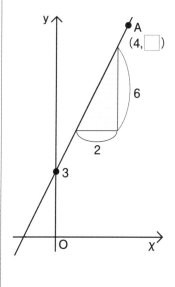

❶1次関数だから

$y＝aX＋b$ とおく

傾き 切片

$$a＝\frac{yの増加量}{Xの増加量}$$

$$a＝\frac{6}{2}＝3$$

切片bは1次関数のグラフと
y軸の交点のy座標だから
$b＝3$　$y＝aX＋b$　に
$a＝3$と$b＝3$を代入して

A. $y＝3X＋3$

❷$y＝3X＋3$ に$X＝4$を代入して

$y＝3×4＋3$

$y＝15$　　　A. 15

xの値が2増加するとき、yの値が4増加する直線上に点(3,5)があります。

この直線とy＝－x＋5の交点の座標を求めてください。(山口県改題)

手順1

問題文に書いてある
ことを□に書き込ん
で求めてください。

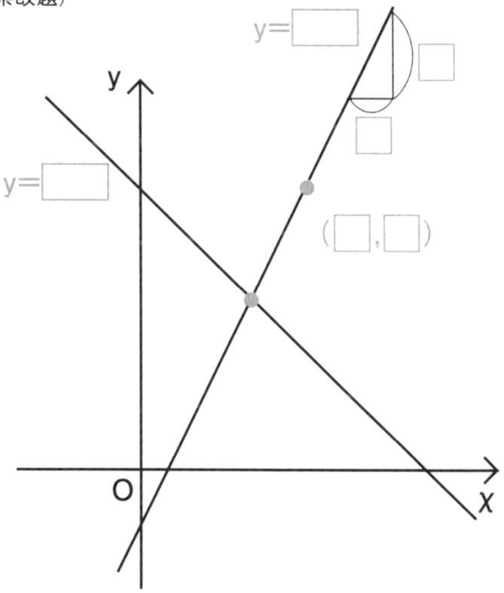

y＝□

y＝□

□

□

（□,□）

手順2

❶→❷→❸と分かる
ところからイモヅル
式に求めてください。

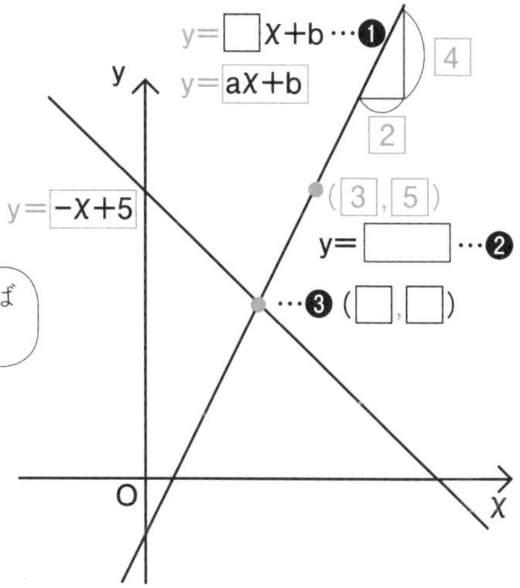

y＝□x+b …❶

y＝ax+b

4

2

y＝－x＋5

（3,5）

y＝□ …❷

…❸ （□,□）

❶→❷→❸と解いていけば
イモヅルです。

❶ 1次関数だから反射的に y=aX+bとおきます。

傾きa=$\dfrac{yの増加量}{Xの増加量}$ = $\dfrac{4}{2}$ =2

a=2をy=aX+bに代入します。

y=2X+b

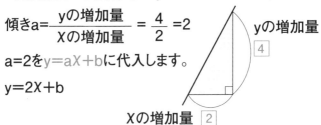

yの増加量 　4

Xの増加量 　2

❷ y=2X+bが（3,5）を通るから

5=2×3+b

b=−1

b=−1を❶のy=2X+bに代入します。

y=2X−1

ここもグラフ上の点は
グラフの式を満たすです。

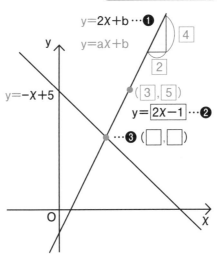

y=2X+b …❶

y=aX+b

　4

　2

y

y=−X+5

（ 3 , 5 ）

y= 2X−1 …❷

…❸ (□ , □)

O

X

❸ y=−X+5 と y=2X−1 の交点は

この連立方程式を解いて求めます。

代入法が楽です。

y=−X+5　　y=2X−1

−X+5＝2X−1
−3X＝−6
X＝2
y＝2X−1に代入
y＝4−1
y＝3

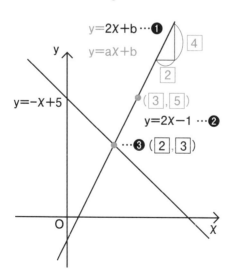

y=2X+b …❶

y=aX+b

4

2

y=−X+5

(3,5)

y=2X−1 …❷

…❸(2,3)

A. (2,3)

練習
2

$y = \dfrac{a}{X}$ …アのグラフと

$y = 4X + b$ …イのグラフが2点P、Qで交わっています。 $y = 4X + b$ のグラフとX軸との交点Rの X座標は−1、交点QのX座標が1であるとき、a の値を求めなさい。(滋賀県改題)

手順1

問題文に書いてあることを□に書き込んでください。

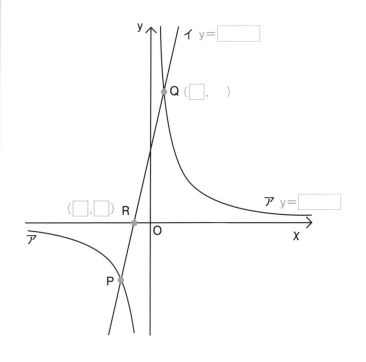

イ $y = \boxed{}$

Q($\boxed{}$,)

($\boxed{}$, $\boxed{}$) R

ア $y = \boxed{}$

ア

O

P

❶→❷→❸と分かるところから
イモヅル式に求めてください。

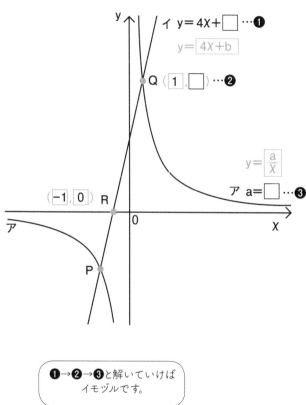

イ y= 4X+□ …❶

y= 4X+b

Q (1 , □) …❷

y= $\dfrac{a}{X}$

ア a=□ …❸

(-1 , 0) R

0

X

ア

P

❶→❷→❸と解いていけば
イモヅルです。

❶ y=4X+bにRの座標(−1,0)を代入します。

$$\overset{0}{\underset{\Downarrow}{}}\ \overset{-1}{\underset{\Downarrow}{}}$$
y=4X+b
0=−4+b
b=4
y=4X+4

❷ y=4X+4がQ (1, ☐)を通るので

☐=4×1+4
☐=8
(1,8)

❸ y=$\dfrac{a}{X}$ がQ (1,8)を通るので

$$\overset{8}{\underset{\Downarrow}{}}$$
$$y=\dfrac{a}{X}$$
$$\underset{\underset{1}{\Uparrow}}{}$$

$$8=\dfrac{a}{1}$$

A. a=8

❸
y＝aX²の問題

【ウォーミングアップ】

yがXの2乗に比例して、X＝2のとき、y＝16です。
このとき、

① yをXの式で表してください。

② X＝−1 のときのyの値を求めてください。

① yがXの2乗に比例するので

　y＝aX² とおきます。

　X＝2　のとき　y＝16　なので

　16＝a×2²

　16＝4a

　　a＝4

　これをy＝aX²に代入して

　y＝4X²　　　　　　　　　　A. y＝4X²

② y＝4X²にX＝−1を代入

　y＝4×(−1)²

　y＝4　　　　　　　　　　　A. y＝4

mは$y=\dfrac{1}{2}x^2$のグラフです。 A、Bはm上の点で
あり、そのX座標はそれぞれ3、−1である。
nは点Bを通り傾きが2の直線です。
直線nの式を求めてください。（大阪府改題）

【手順1】
問題文に書いていることを□に書き込んでください。

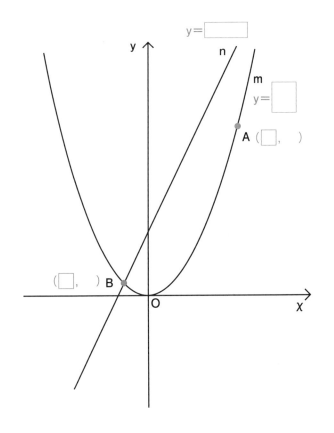

**❶→❷→❸と分かるところから
イモヅル式に求めてください。**

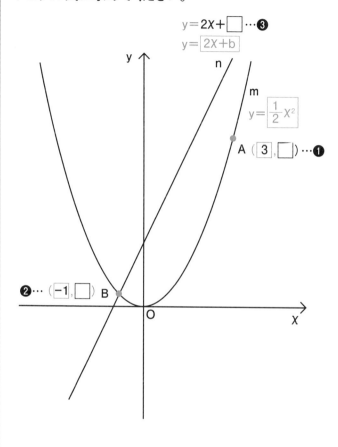

$y = 2X + \boxed{}$ …❸
$y = \boxed{2X+b}$

n

m
$y = \boxed{\dfrac{1}{2}} X^2$

A $(\boxed{3}, \boxed{})$ …❶

❷… $(\boxed{-1}, \boxed{})$ B

O

X

y

❶→❷→❸と解いていけば
イモヅルです。

❶ グラフmの $y=\dfrac{1}{2}x^2$ にx＝3を代入します。

$$y=\dfrac{1}{2}\times 3^2=\dfrac{1}{2}\times 9$$

A $\left(3,\dfrac{9}{2}\right)$

❷ グラフmの $y=\dfrac{1}{2}x^2$ にx＝−1を代入します。

$$y=\dfrac{1}{2}\times(-1)^2=\dfrac{1}{2}$$

B $\left(-1,\dfrac{1}{2}\right)$

❸ B $\left(-1,\dfrac{1}{2}\right)$ が $y=2x+b$ 上の点だから

$$\dfrac{1}{2}=2\times(-1)+b$$

$$b=\dfrac{5}{2}$$

これを $y=2x+b$ に代入

A. $\underline{y=2x+\dfrac{5}{2}}$

図でOは原点、A、Bはそれぞれy軸上、X軸上
の点で、Dは関数y＝cX²（cは定数）のグラフ
と直線ABとの交点である。点Aのy座標が6、
点BのX座標が4、点DのX座標が2のとき、cを
求めなさい。（愛知県改題）

手順1

問題文に書いていることを□に書き込んでください。

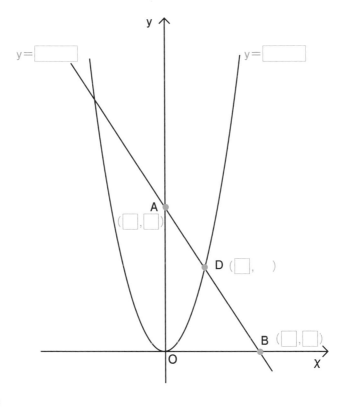

手順2

①→**②**→**③**と分かるところから
イモヅル式に求めてください。

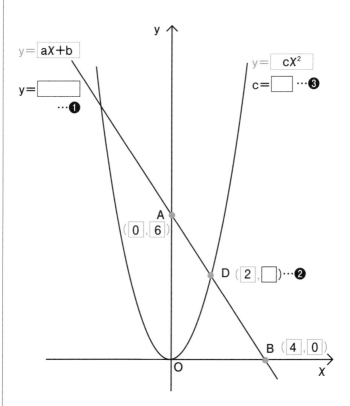

y= $aX+b$

y= ⬚
　　 …**①**

y= cX^2

c= ⬚ …**③**

A
(0, 6)

D (2, ⬚)…**②**

B (4, 0)

O

①→②→③と解いていけば
イモヅルです。

❶ $y=-\dfrac{3}{2}x+6$

解1 A点(0,6)より切片b=6

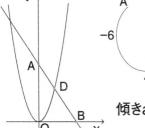

傾きa$=\dfrac{y\text{の増加量}}{x\text{の増加量}}=\dfrac{-6}{4}=-\dfrac{3}{2}$

解2 A点(0,6)より切片b=6

$y=ax+6$

B(4,0)を通るから

$0=a×4+6$

$a=-\dfrac{3}{2}$

どっちで
解いても
OK!

❷ $y=-\dfrac{3}{2}x+6$ にx=2を代入

$y=-\dfrac{3}{2}×2+6=-3+6=3$

D(2,3)

❸ 点D(2,3)が$y=cx^2$上にあるから

$\underset{\underset{3}{\uparrow}}{3}=\underset{\underset{2}{\uparrow}}{C}×2^2$ $3=4C$

A. $C=\dfrac{3}{4}$

ダイヤグラムの問題は 座標を書き込む

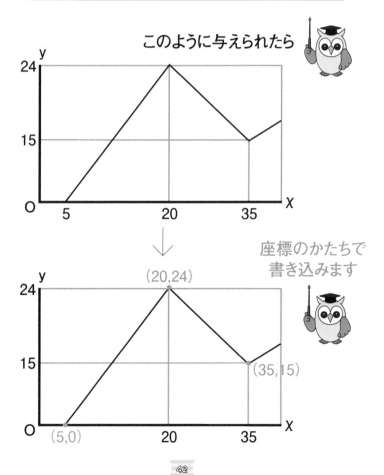

このように与えられたら

座標のかたちで 書き込みます

(20,24)

(35,15)

(5,0)

練習
1

Aさんは家を出発してコンビニまで歩き、コンビニで何分か買い物をしてそのあと走って学校まで行きました。家を出発してX分後の家からの距離をy mとして、書いたグラフ❶❷❸についてyをXの式で表してください。
またXの変域も書いてください。

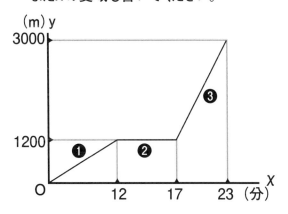

手順1

分かったことを□に書き込んでください。

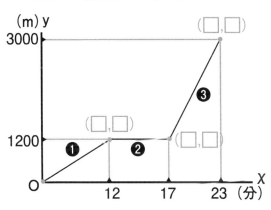

分かることろからイモヅル式に求めてください。

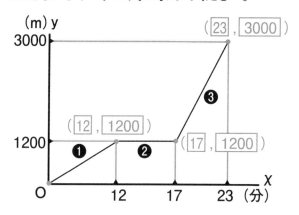

❶ y= ☐ （　　　　　）

❷ y= ☐ （　　　　　）

❸ y= ☐ （　　　　　）

❶ <u>A. y＝100X（0≦X≦12）</u>

　⇨比例だから y=aX とおく
　　（12,1200）を通るから、
　　1200=12a
　　a=100

＊12分で1200mだから、

速さ（分速）＝道のり÷時間

速さ（分速）＝1200÷12＝ $\boxed{100}$ （m）で

一方、比例の式は $y=\boxed{100}X$ でした

このことから、

ダイヤグラムでは傾き＝速さです。

❷ A. $y=1200$ （$12≦X≦17$）

⇨12分のときに1200m地点

17分のときに1200m地点

❸ A. $y=300X-3900$ （$17≦X≦23$）

2点を通る1次関数は

手順1 2点の座標から傾きaを求める。

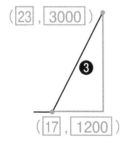

$(\boxed{23}, \boxed{3000})$

❸

$(\boxed{17}, \boxed{1200})$

$a=\dfrac{3000-1200}{23-17}$

$=300$

$y=300X+b$

手順2 2点 $(17,1200)$ $(23,3000)$ のどちらかをグラフ上の点として使う。

$(17,1200)$ を通るので、

$1200=300×17+b$

$b=-3900$

図は30km離れたA駅とB駅の間の8時から8時40分までの列車の運行のようすを表しています。8時30分B駅発の列車と、8時25分A駅発の列車が出合うのは8時何分ですか。

手順1

分かったことを□に書き込んでください。

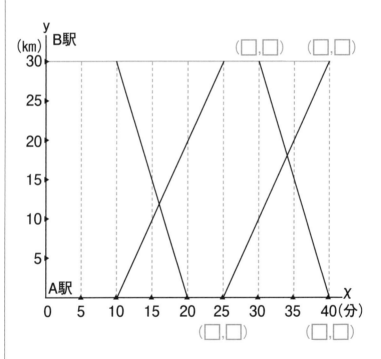

分かるところからイモヅル式に求めてください。

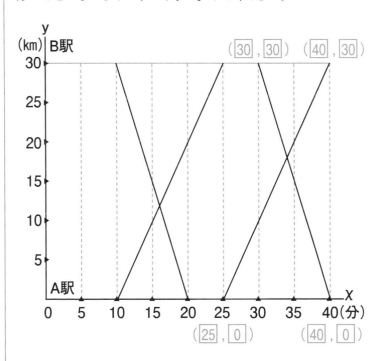

❶ 8時30分B駅発の列車の式は、

$y=$ ［　　　　　］ 　（　　 x 　　）

❷ 8時25分A駅発の列車の式は、

$y=$ ［　　　　　］ 　（　　 x 　　）

❸ 2つの列車が出会うのは、

8時 ［　］ 分

❶ y＝−3X＋120（30≦X≦40）

⇨1次関数だから y＝aX＋b …ア とおく

2点を通る1次関数だから、

手順1

2点の座標から傾きaを求める。

（30,30）（40,0）から、

$$a＝\frac{0－30}{40－30}＝－3$$

アに a＝−3を代入します。

y＝−3X＋b…イ

手順2

2点のどちらかをグラフ上の点として使う。

（30,30）を通るから、

30＝−3×30＋b

b＝120

イに b＝120を代入します。

y＝−3X＋120

❷ $y=2X-50$ （$25≦X≦40$）

⇨❶と同様のやり方です

❸ $y=-3X+120$ と $y=2X-50$ の

交点のX座標は、

$-3X+120=2X-50$

$-5X=-170$

$X=34$

A. 8時31分

グラフの交点は
連立方程式の解でした！

ポイント
③

三角形の面積の 二等分線は、頂点と対辺の 中点を通る直線になる

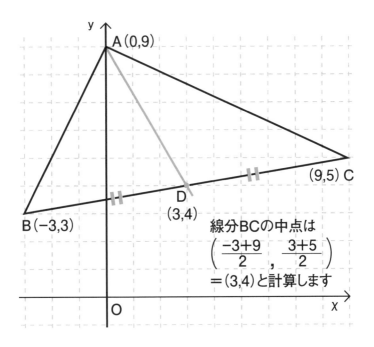

線分BCの中点は
$$\left(\frac{-3+9}{2}, \frac{3+5}{2} \right)$$
$=(3,4)$ と計算します

これが点Aを通り
△ABCの面積を
二等分する直線です。

練習
1
点A（2,7）、点B（2,2）、点C（6,4）があります。
点Aを通り△ABCの面積を2等分する直線の
式を求めてください。

手順1

問題に書いてあることを□に書き入れてください。

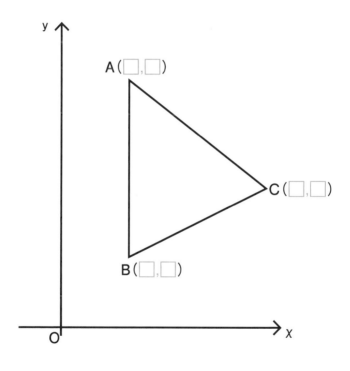

分かるところからイモヅル式に求めてください。

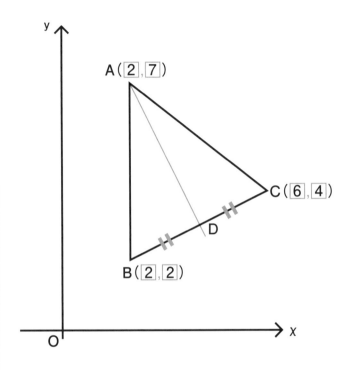

❶ 線分BCの中点Dは、D (☐ , ☐)

❷ A(2,7)とD (☐ , ☐)を通る直線の式は、

y = ☐

❶ B (2,2)とC (6,4)の中点Dは

$$\left(\frac{2+6}{2} , \frac{2+4}{2} \right) = (4,3)$$

⇧　　　⇧
X座標を　　y座標を
足して　　足して
2で割る　　2で割る

❷ 2点A (2,7)とD (4,3)を通る1次関数です。

手順1

$$a = \frac{3-7}{4-2} = -2$$

y＝−2X＋b

手順2

A (2,7)を通るから、

y＝−2X＋b

7＝−2×2＋b

b＝11

A. y＝−2X＋11

$y=ax^2$ $(a>0)$のグラフと直線$y=\dfrac{1}{2}x+2$のグラフが2点A,Bで交わっている。

2点A、BのX座標が、それぞれ−2、4であるとき①aの値と、②Oを通って△OABの面積を二等分する直線の式を求めてください。(千葉県改題)

手順1

問題に書いてあることを□に書き入れてください。

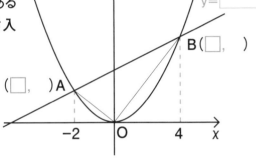

$y=\boxed{}$

$y=\boxed{}$

$B(\boxed{}, \ \ )$

$(\boxed{}, \ \ )A$

-2　O　4　x

手順2 分かることからイモヅル式に求めてください。

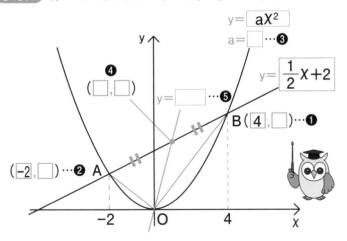

$y=\boxed{ax^2}$

$a=\boxed{}$ …❸

$y=\boxed{\dfrac{1}{2}x+2}$

$y=\boxed{}$ …❺

$B(\boxed{4},\boxed{})$…❶

❹ $(\boxed{},\boxed{})$

$(\boxed{-2},\boxed{})$…❷ A

-2　O　4　x

❶ B(4,4)　y= $\dfrac{1}{2}$X+2

⇧

4

❷ A(-2,1)　y= $\dfrac{1}{2}$X+2

⇧

−2

❸ a= $\dfrac{1}{4}$　y=aX²

⇧　⇧

4　4

A. ① a= $\dfrac{1}{4}$

❹ $\left(1, \dfrac{5}{2}\right)$ $\left(\dfrac{-2+4}{2}, \dfrac{1+4}{2}\right)$

⇧　　⇧

X座標を　y座標を

足して　足して

2で割る　2で割る

❺ 比例だからy=aX

$\left(1, \dfrac{5}{2}\right)$を通るので

$\dfrac{5}{2}$ =a×1

a= $\dfrac{5}{2}$

A. ② y= $\dfrac{5}{2}$ X

等積変形は
平行線だから、
傾きが等しくなる

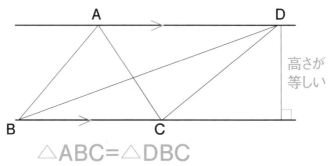

$\triangle ABC = \triangle DBC$

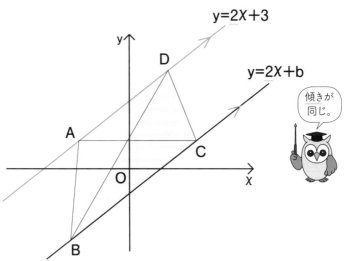

練習
1

$y=X^2$上に2点A、Bがあります。X座標は−2と3です。このとき2点A、Bを通る直線を求めてください。また、△APBの<u>面積</u>が△AOBと<u>等しく</u>なるように放物線上OからBの間に点Pをとるとき、点Pの座標 を求めてください。

[手順1]

問題文から分かることを□に書き込んでください。

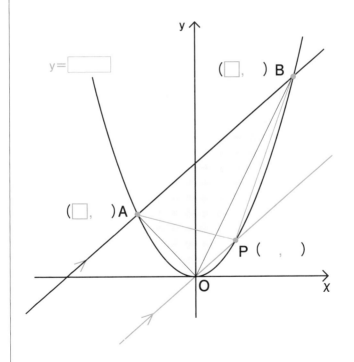

分かるところから❶→❷→❸→❹→❺とイモヅル式に求めてください

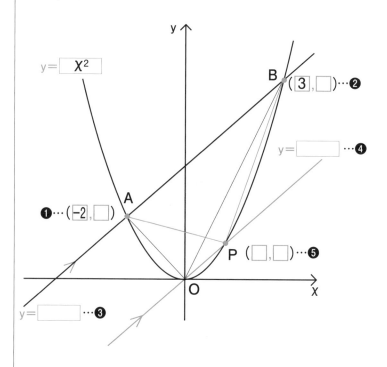

$y=\boxed{x^2}$

B $(\boxed{3},\boxed{})\cdots$❷

$y=\boxed{}\cdots$❹

A

❶$\cdots(\boxed{-2},\boxed{})$

P $(\boxed{},\boxed{})\cdots$❺

O

$y=\boxed{}\cdots$❸

❶→❷→❸→❹→❺と解いていけばイモヅルです。

❶ $y=X^2$ なので、Aの座標は $(-2,4)$
　　　↑
　　　-2

❷ $y=X^2$ なので、Bの座標は $(3,9)$
　　　↑
　　　3

❸ 2点A $(-2,4)$、B $(3,9)$を通る1次関数

手順1 $y=aX+b$

$$a=\frac{9-4}{3-(-2)}=1$$

$y=X+b$

手順2 $y=X+b$
　　　　↑　↑

$(3,9)$を通るから $9=3+b$　$b=6$

2点A $(-2,4)$、B $(3,9)$を通る1次関数の式は　$y=X+6$

❹ $y=X+6$と平行だから、傾きが等しく1
原点を通るので　$y=X$

❺ $y=X^2$ と　$y=X$の交点
$X^2=X$
$X^2-X=X(X-1)=0$
$X=0$ または$X=1$、点Pは原点でないので
$X=1$　このとき$y=1$

A. P $(1,1)$

ポイント
5

動点と面積の問題は、角(かど)に着目して図を書く

START

$x=0$

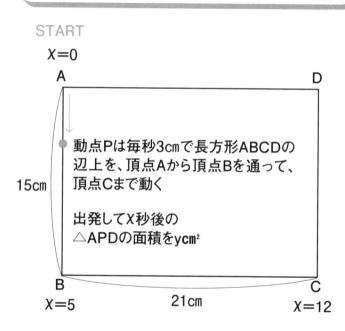

A

D

動点Pは毎秒3cmで長方形ABCDの辺上を、頂点Aから頂点Bを通って、頂点Cまで動く

出発してx秒後の
△APDの面積をycm²

15cm

B

$x=5$

21cm

C

$x=12$

ここに着目！

AからBまでに
かかる時間が
15÷3=5（秒）

ここに着目！

AからCまでに
かかる時間が
36÷3=12（秒）

角に着目して、 0≦X≦5 のとき

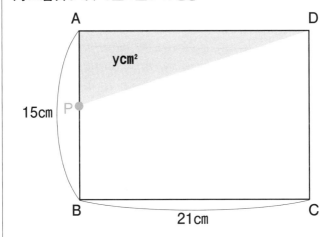

5≦X≦12 のとき

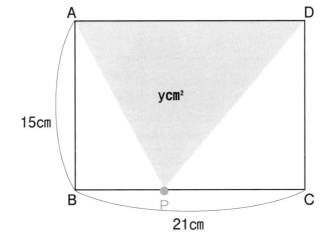

場合分けして図が書けたら楽勝です。

動点の動いた長さと線分の長さの表し方に慣れることも重要です。ただし、動点PがA点を出発して動いた道のりをA~Pとします。

0≦X≦5 のとき

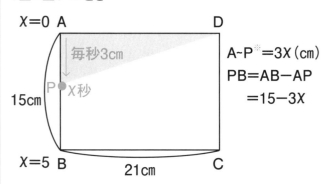

X=0 A

D

毎秒3cm

P● X秒

15cm

X=5 B 21cm C

A~P[※]=3X（cm）
PB＝AB－AP
　　＝15－3X

5≦X≦12 のとき

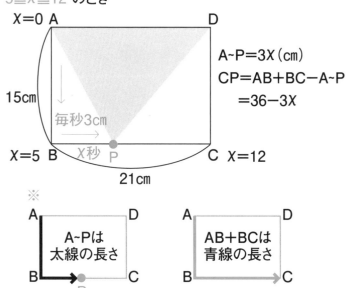

X=0 A

D

15cm

毎秒3cm

X秒

X=5 B P C X=12

21cm

A~P=3X（cm）
CP＝AB＋BC－A~P
　　＝36－3X

※

A　　　　D

A~Pは
太線の長さ

B　　　　C
　　P

A　　　　D

AB＋BCは
青線の長さ

B　　　　C

練習
1

縦が12cmで横が15cmの長方形ABCDのA点を出発して、長方形の周上をA→B→C→Dと毎秒3cmで動く動点Pの、A点を出発してX秒後の△APDの面積をycm²とします。動点PがCD上にあるとき、yをXの式で表してください。

ただし、動点PがA点を出発して動いた道のりをA~Pとします。

手順1

問題文に書いてあることを□に書き込んでください。

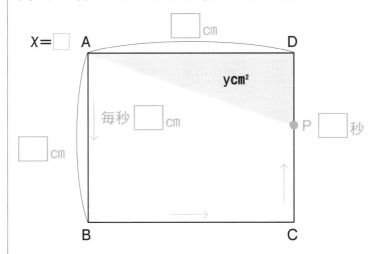

分かることからイモヅル式に求めてください。

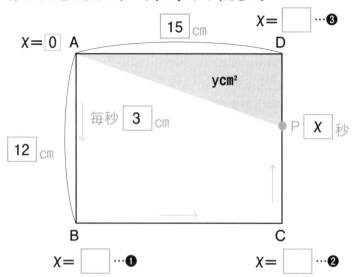

$x =$ ____ …❸

$x = \boxed{0}$ A

$\boxed{15}$ cm

D

y cm²

毎秒 $\boxed{3}$ cm

$\boxed{12}$ cm

P $\boxed{x}$ 秒

B

C

$x =$ ____ …❶

$x =$ ____ …❷

❹ 動点PがCD上にあるxの変域は ____

❺ A~P= ____

❻ DP= ____

❼ △APD= ____

❶ $12 \div 3 = 4$

　$X = 4$

❷ $27 \div 3 = 9$

　$X = 9$

❸ $39 \div 3 = 13$

　$X = 13$

❹ $9 \leqq X \leqq 13$

❺ $A \sim P = 3X$

❻ $DP = (39 - 3X)$

❼ $\triangle APD = y = \dfrac{1}{2} \times AD \times DP$

　　　　　$= \dfrac{1}{2} \times 15 \times (39 - 3X)$

　　　　　$= \dfrac{585}{2} - \dfrac{45}{2}X$ 　　　　A. $\underline{y = -\dfrac{45}{2}X + \dfrac{585}{2}}$

1辺の長さが4cmの正方形ABCDがあります。点PがAを出発し、正方形ABCDの周上を毎秒1cmの速さでB、Cを通ってDまで移動します。点PがCD上にあるとき、

①点PがAを出発してX秒後のXの変域を求めてください。

②四角形ABCPの面積ycm²をXの式で表してください。

③四角形ABCPの面積が10cm²となるのは点PがAを出発して何秒後ですか。

ただし、点Pが点Aを出発して動いた道のりをA~Pと表すことにします。(徳島県改題)

手順1

問題文に書いてあることを□に書き込んでください。

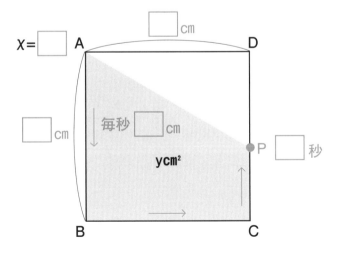

❶から順に分かることからイモヅル式に求めてください。

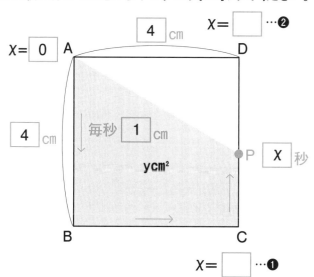

$x=$ [　] …❷

$x=$ [0] A　　　[4] cm　　　　　　　　D

[4] cm

毎秒 [1] cm

$y$cm²

●P [x] 秒

B　　　　　　　　　　　　　C

$x=$ [　] …❶

❸ 動点PがCD上にあるxの変域は [　　　　] …①

❹ A~P= [　　　　]　　　❺ CP= [　　　　]

❻ $y=$ [　　　　] …②

❼ $y=$ [　　　　] =10

❽ $x=$ [　　　] [　] 秒後 …③

❶ $X=8$

❷ $X=12$

❸ $8 \leqq X \leqq 12$　　　　A.　① $8 \leqq X \leqq 12$

❹ $A \sim P = X$

❺ $CP = X - 8$

❻ $y = (上底 + 下底) \times 高さ \div 2$
　$= (CP + AB) \times 4 \div 2$
　$= (X - 8 + 4) \times 4 \div 2$
　$= (X - 4) \times 2$
　$= 2X - 8$　　　　A.　② $y = 2X - 8$

❼ $(y =) 2X - 8 = 10$

❽ $2X - 8 = 10$
　$2X = 18$
　　$X = 9$

　　　　　　　　A.　③ 9秒後

変域の問題は、グラフ上を
Xが最小の点から
最大の点まで歩く

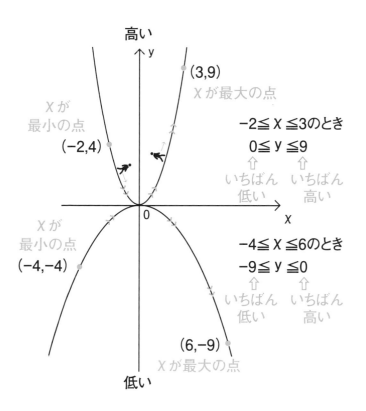

高い

y

(3,9)
Xが最大の点

Xが
最小の点
(−2,4)

−2≦ X ≦3のとき
0≦ y ≦9
　⇧　　　⇧
いちばん　いちばん
　低い　　　高い

0

X

Xが
最小の点
(−4,−4)

−4≦ X ≦6のとき
−9≦ y ≦0
　⇧　　　⇧
いちばん　いちばん
　低い　　　高い

(6,−9)
Xが最大の点

低い

y＝X²についてXの変域が−5＜X≦4のときのy
の変域を求めてください。（東京都改題）

手順1

問題文に書いてあることを
□に書き込んでください。

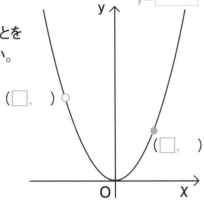

y＝ □

(□ ,)

(□ ,)

O

X

手順2

分かるところからイモヅル
式に求めてください。

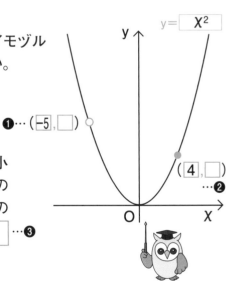

y＝ X²

❶…(−5 , □)

(4 , □)
…❷

グラフ上をXが最小
の点からXが最大の
点まで歩くと、yの
変域は □ …❸

❶ $y=x^2$ なので、○ の座標は $(-5, 25)$
　⇧
　-5

❷ $y=x^2$ なので、● の座標は $(4, 16)$
　⇧
　4

❸

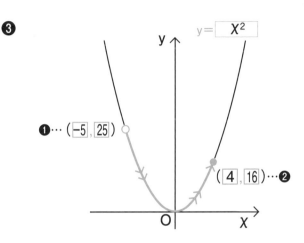

$y= \boxed{x^2}$

❶…$(\boxed{-5}, \boxed{25})$

$(\boxed{4}, \boxed{16})$…**❷**

$0 \leqq y < 25$
　⇧　　⇧
いちばん　いちばん　⇦ ただし等号はつきません
低い　　高い

問題文は $-5 < x \leqq 4$ なので
間違えないように!

<u>A. $0 \leqq y < 25$</u>

関数y＝aX²でXの変域が−1≦X≦3のときに
yの変域が0≦y≦3となるとき、aの値を求め
てください。（北海道改題）

手順1

問題文に書いてあることを□に書き込んでください。

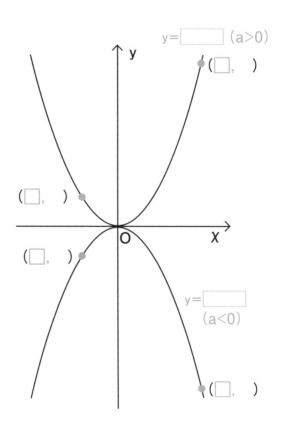

手順 2

分かるところからイモヅル式に求めてください。

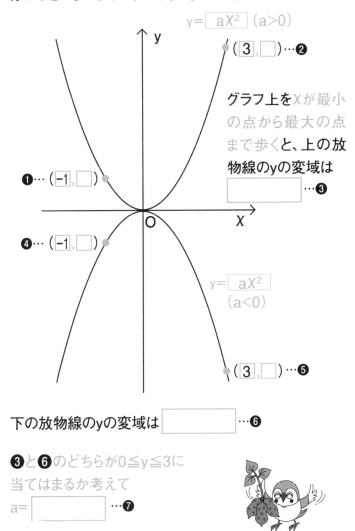

$y = \boxed{aX^2}$ $(a>0)$

$(\boxed{3}, \boxed{})$ … ❷

グラフ上を X が最小の点から最大の点まで歩くと、上の放物線の y の変域は

$\boxed{}$ … ❸

❶ … $(\boxed{-1}, \boxed{})$

❹ … $(\boxed{-1}, \boxed{})$

$y = \boxed{aX^2}$ $(a<0)$

$(\boxed{3}, \boxed{})$ … ❺

下の放物線の y の変域は $\boxed{}$ … ❻

❸と❻のどちらが $0 \leqq y \leqq 3$ に当てはまるか考えて

$a = \boxed{}$ … ❼

❶ y=aX²　なので、❶ の座標は（−1,a）
　　　⇧
　　　−1

❷ y=aX²　なので、❷ の座標は（3,9a）
　　　⇧
　　　3

❸ 上の放物線のyの変域は　0≦y≦9a

❹ y=aX²　なので、❹ の座標は（−1,a）
　　　⇧
　　　−1

❺ y=aX²　なので、❺ の座標は（3,9a）
　　　⇧
　　　3

❻ 下の放物線のyの変域は 9a≦y≦0

❼ ❸の0≦y≦9aと❻の9a≦y≦0で
　0≦y≦3に当てはまるのは0≦y≦9aなので
　9a=3
　a=$\frac{1}{3}$

9a≦y≦0は
不適です！

A.　a=$\frac{1}{3}$

PART 2

「見て」「書く」だけで
方程式で
点が稼げる！

方程式も毎回どこから手をつければいいのか
分かりません。

Don't worry.
求めるものをxあるいはx、yとおいて
問題文の分かるところに
メモ書きすればいいんです。

これで方程式の問題は
イモヅル式に方程式が立てられます。

ポイント
①

求めるものをX、またはX、yとおいて、問題文にメモ書きする

では、この問題は考えないで
式を立ててみてください。

ある本を、初めの日に全体のページ数の$\frac{1}{4}$を読み、次の日に残ったページ数の半分を読んだところ、残ったのは102ページでした。この本の全体のページ数は何ページですか。

どこから手をつけていいのか
分かりません。

求めるもの全体のページ数をXとおいて
次ページのようにメモ書きしてください。

ある本を、初めの日に全体のページ数の $\frac{1}{4}$ を読み、

$\frac{1}{4}X$

次の日に残ったページ数の半分を読んだところ、

$X - \frac{1}{4}X$　　　$\frac{1}{2}(X - \frac{1}{4}X)$

　　残ったのは　　102ページでした。

$X - \frac{1}{4}X - \frac{1}{2}(X - \frac{1}{4}X)$

この本の全体のページ数は何ページですか。

X

書き込みから、

$$X - \frac{1}{4}X - \frac{1}{2}(X - \frac{1}{4}X) = 102$$

考えなくてもこのように
方程式が立てられます。

練習でこのやり方を身につけましょう。

青線部にメモ書きして方程式を立ててください。

練習
1

ある本を1日目に<u>全ページの $\frac{1}{2}$ を読み</u>

2日目に<u>残ったページの $\frac{2}{5}$ を読んだ</u>が

<u>まだ残っているページが33ページ</u>あった。

この本の<u>全ページ数</u>を求めなさい。（青森県改題）
        x

練習
2

<u>ある数</u>を<u>3倍して</u> <u>8を足す</u>ところを、まちがえて

<u>8倍してから</u> <u>3を足した</u>ら、<u>正しい答えより</u> <u>40大</u>
<u>きく</u>なった。

<u>ある数</u>を求めてください。
   x

練習 1 の答えと解説

ある本を1日目に<u>全ページの $\frac{1}{2}$ を読み</u>
        $\frac{1}{2}x$

2日目に<u>残ったページの</u> $\frac{2}{5}$ を読んだが
   $x-\frac{1}{2}x$ $\frac{2}{5}(x-\frac{1}{2}x)$

まだ<u>残っているページが33ページ</u>あった。
  $x-\frac{1}{2}x-\frac{2}{5}(x-\frac{1}{2}x)$

この本の<u>全ページ数</u>を求めなさい。
    x

書き込みから

$$X - \frac{1}{2}X - \frac{2}{5}\left(X - \frac{1}{2}X\right) = 33$$

両辺に10を掛けます

$$10X - 5X - 4\left(X - \frac{1}{2}X\right) = 330$$
$$5X - 4X + 2X = 330$$
$$X = 110$$

A. 110ページ

練習2の答えと解説

ある数を3倍して8を足すところを、まちがえて8倍してから
  3X   3X＋8   8X

3を足したら、正しい答えより40大きくなった。
 8X＋3   3X＋8 3X＋8＋40

ある数を求めてください。
 X

書き込みから
$$8X + 3 = 3X + 8 + 40$$
$$8X - 3X = 8 + 40 - 3$$
$$5X = 45$$
$$X = 9$$

A. 9

xの方程式が立てにくいときは、さしあたり連立で立ててみる

ある中学校の合唱部の人数は男女合わせて39人です。女子は男子の2倍より3人多くいます。男子の人数を求めてください。(北海道改題)

求めるもの＝男子の人数をxとおいて書き込みをするだけではうまくいきません。

こういう場合はどうすればいいんですか？

受験は何でもありです。こういうときは求めるもの以外のもうひとつをyとおきます。ここでは女子をy人とおいて問題文にメモします。

ある中学校の合唱部の人数は男女合わせて39人です。
　　　　　　　　　　　　　　　　　X＋y

女子は男子の2倍 より3人多くいます。
　y　　　2X　　　2X＋3

男子の人数を求めてください。
　X

書き込みから、

　　X＋y＝39 …❶

　　y＝2X＋3 …❷

❶、❷から便宜的においたyを消去して

　　X＋2X＋3＝39 …これが求める方程式です
　　　　3X＝36
　　　　　X＝12

　　　　　　　　　　　　　　A. 12人

> X だけでは立てにくい方程式は
> X、yの連立で立てて、
> いらない文字を消去します。

今度はxだけで立てるのは難しいと
感じている人が多い
過不足の問題をやってみましょう。

文化祭で、何台かの長机に、立体作品を並べて
展示することになった。
<u>x</u>

長机1台に立体作品を4個ずつ並べると、
<u>　　　　　　　4x　　　</u>

<u>立体作品を15個並べることができなかった。</u>
そこで、長机1台に立体作品を
<u>5個ずつ並べ直したところ、最後の長机1台には</u>
<u>　　　　　5x</u>

<u>立体作品が2個だけになった。</u>

長机の個数をx台として方程式をつくって長机の
台数を求めてください。(富山県改題)

xだけでは上のように、スンナリ解決とはいきません。

こういうときは、すぐにさしあたりx、yで式を立てます。

長机をx台、立体作品の数をy個として書き込みます。

文化祭で、何台かの長机に、立体作品を並べて
　　　　　　　　　　x台　　　　y個
展示することになった。

長机1台に立体作品を4個ずつ並べると、
　　　　　　　　　　　4x
立体作品を15個並べることができなかった。
　　　y＝4x＋15
そこで、長机1台に立体作品を

5個ずつ並べ直したところ、最後の長机1台には
　　　y＝5(x−1)＋2
立体作品が2個だけになった。

書き込みから
　　y＝4x＋15…❶
　　y＝5(x−1)＋2…❷

❶を❷に代入して
　　4x＋15＝5(x−1)＋2

　　4x＋15＝5x−5＋2
　　4x−5x＝−3−15
　　　　−x＝−18
　　　　　x＝18

A.（長机は）18台

本書の裏ワザなら
楽勝ですね。

青線部にメモ書きして方程式を立ててください。

練習
1

AさんとBさんは合わせて40枚のコインを持っていましたが、AさんがBさんにコインを8枚あげたので、AさんのコインとBさんのコインの枚数の比が3：2になりました。Aさんがはじめに持っていたコインの枚数を求めてください。

Aさんの最初のコインをX枚として書き込もうとするだけではすぐに行き詰まります。そこで？

練習1の答えと解説

Aさんが最初にX枚、Bさんが最初にy枚として書き込みます。

AさんとBさんは合わせて40枚のコインを持っていましたが、
　X　　　y　　　　X＋y

AさんがBさんにコインを8枚あげたので、
AさんのコインとBさんのコインの枚数の比が
　　X－8　　　　　y＋8
3：2になりました。

書き込みから

$x+y=40$…❶
$(x-8):(y+8)=3:2$…❷

求めるのはxだから、

❶より$y=40-x$

これを❷$(x-8):(y+8)=3:2$に代入して、

$$(x-8):(40-x+8)=3:2$$
$$2(x-8)=3(48-x)$$
$$2x-16=144-3x$$
$$2x+3x=144+16$$
$$5x=160$$
$$x=32$$

<u>A. 32枚</u>

a：b＝c：dなら
ad=bc

青線部にメモ書きして方程式を立ててください。

練習
2

何本かの鉛筆があります。
この鉛筆をあるクラスの生徒に3本ずつ配ると
28本余り、4本ずつ配るには6本不足します。
生徒の人数を求めてください。(愛知県改題)

生徒をχ人と書き込むだけでは、すぐ行き詰まります。
そこで?

生徒をχ人、鉛筆をy本とおいて書き込みます。

何本かの鉛筆があります。この鉛筆をあるクラスの生徒
　　　　　y

に3本ずつ配ると28本余り、4本ずつ配るには6本不足
　　　y=3χ+28　　　　　　　　y=4χ−6

します。生徒の人数を求めてください。
　　　　χ

書き込みから

$$y=3χ+28…❶$$
$$y=4χ−6…❷$$

❶を❷に代入して、
$3χ+28=4χ−6$
$3χ−4χ=−6−28$
　　$−χ=−34$
　　　$χ=34$

1次方程式の
難しい応用問題を
本書の裏ワザで
簡単に解いて
周囲を驚かせましょう。

A. 34人

2ケタの自然数は 10a＋bと表す

ポイント①とポイント②でxまたはx、yとおいて問題文にメモ書きするという方程式の立て方の基本をやりました。ここからは方程式の定番問題にポイント①とポイント②のやり方でチャレンジしましょう。

青線部にメモ書きして方程式を立ててください。

練習
1

十の位の数と一の位の数の和が10である2ケタの自然数がある。この自然数の十の位の数と一の位の数を入れかえた自然数は、もとの自然数より36大きくなる。もとの自然数を求めよ。

10a＋b

（群馬県）

定番ですから。
こうおくところから始めます。

十の位の数と一の位の数の和が10である2ケタの自然
a　　　　　　b　　　　a＋b=10　　　10a＋b

数がある。この自然数の十の位の数と一の位の数を入
10b＋a

れかえた自然数は、もとの自然数より36大きくなる。もと
10a＋b＋36

の自然数を求めよ。
10a＋b

書き込みから

$$a+b=10\cdots❶$$
$$10b+a=10a+b+36\cdots❷$$

❶より a＝10－b…❶'
❷より 10b＋a－10a－b＝36
　　　　　　　9b－9a＝36…❸

❶'を❸に代入
9b－9（10－b）＝36
　9b－90＋9b＝36
　　　　　18b＝126
　　　　　　b＝7　　これを❶'に代入

a＝10－7＝3
b＝7、a＝3を10a＋bに代入
10a＋b＝10×3＋7＝37　　　　　　　　　　A. 37

練習
2

2ケタの自然数があります。各位の数の和は15
で、十の位の数と一の位の数を入れかえた自然
数は、もとの自然数より27小さい。このとき、もと
の自然数を求めてください。

$10a + b$

練習 2 の答えと解説

2ケタの自然数があります。各位の数の和は15で、十の位

$10a + b$　　　　　　　　　　　　　$a + b = 15$

の数と一の位の数を入れかえた自然数は、もとの自然数よ

$10b + a$　　　　　　　　　　　$10a + b - 27$

り27小さい。このとき、もとの自然数を求めてください。

$10a + b$

書き込みから

```
a+b=15…❶
10b+a=10a+b−27…❷
```

❶より a=15−b…❶'

❷より 10b+a−10a−b=−27

9b−9a=−27…❸　　❶'を❸に代入

9b−9（15−b）=−27

18b=108

b=6　❶'に代入

a=15−6=9

b=6、a=9を10a+bに代入

10a+b=10×9+6=96

A. 96

ポイント

④

面積と体積の問題は、図を書いて問題文にあることを書き込む

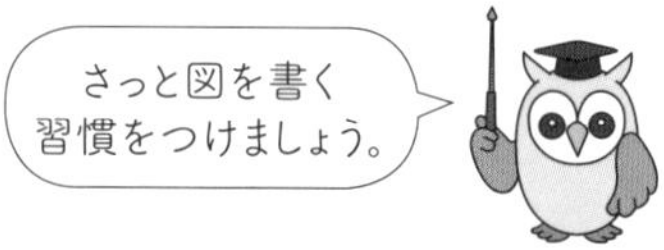

さっと図を書く習慣をつけましょう。

青線部を図にメモ書きして方程式を立ててください。

練習
1

長方形と正方形が1つずつあります。
長方形の横の長さは縦の長さの2倍です。
また正方形の1辺の長さは長方形の縦の長さより5cm長いです。長方形の面積が正方形の面積より1cm²小さいとき、長方形の縦の長さをXcmとして方程式を立てて長方形の縦の長さを求めてください。（佐賀県改題）

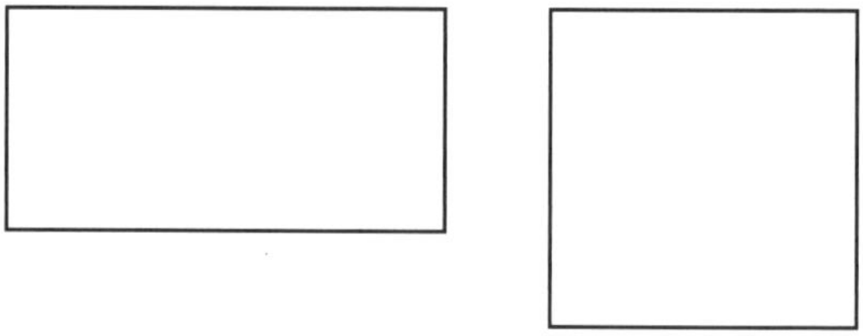

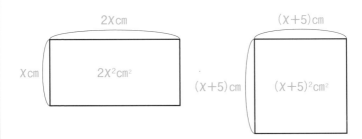

2X cm

X cm   2X²cm²

(X+5)cm

(X+5)cm   (X+5)²cm²

書き込みから

$$2X^2=(X+5)^2-1$$

$2X^2=X^2+10X+25-1$

$X^2-10X-24=0$

$(X-12)(X+2)=0$

$X=12$ または $X=-2$

$X>0$なので$X=12$

A. 12cm

横の長さが縦の長さより2cm長い長方形の紙があります。この紙の4すみから1辺が4cmの正方形を切りとってふたのない直方体の容器をつくったところ、体積が96cm³となりました。もとの紙の縦の長さを x cmとして方程式を立てて、もとの紙の縦の長さを求めてください。(栃木県)

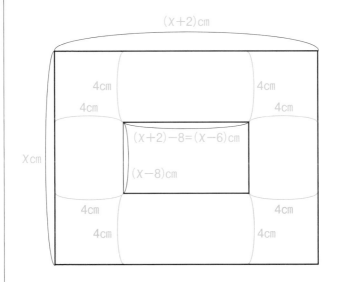

書き込みから、直方体の体積は

$$4(X-8)(X-6)=96$$

$(X-8)(X-6)=24$

$X^2-14X+48=24$

$X^2-14X+24=0$

$(X-12)(X-2)=0$

$X=12$ または $X=2$　$X>8$なので

$X=12$

A. 12cm

速さ・時間・道のりの問題では、最初に単位をそろえる

たとえば2000mの道のりを
分速0.2㎞で進むと何分かかりますか?
という問題の場合。

あれこれ考えないで
速さに単位をそろえるのが
おすすめです。

分速0.2㎞ですから
道のりの単位は㎞、
時間の単位は分です。

2000m＝2kmとして、求める時間は、
2÷0.2＝10（分）です。

速さ・時間・道のりの問題では、
できそうなのに
単位をそろえるところでつまずく
ということがよく見受けられます。
そんなことにならないように
ここでは単位の換算を
基礎からおさらいしましょう。

【時間と道のりの換算】

頭の数字を機械的にかえます。

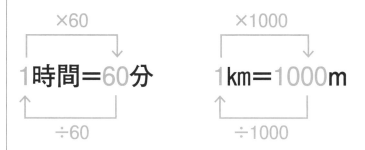

基礎練習1 □をうめてください。

×60
1.2時間= □ 分

÷60
24分= □ 時間

×1000
0.5km= □ m

÷1000
700m= □ km

基礎練習2 □をうめて道のりと時間の単位を速さの単位にそろえてください。

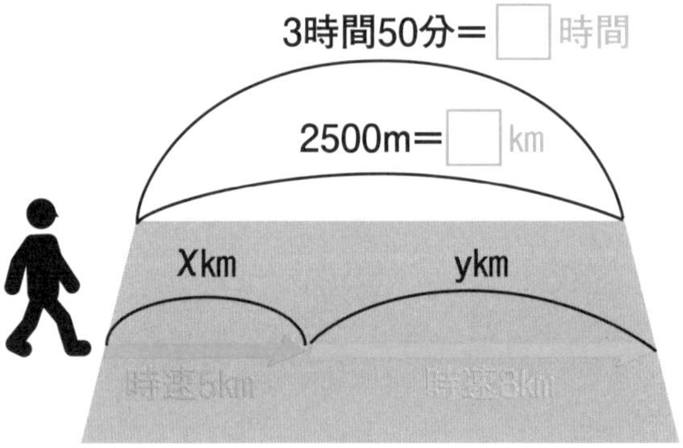

3時間50分= □ 時間

2500m= □ km

X km   y km

時速5km   時速3km

×60

1.2時間＝ 72 分

÷60

24分＝ $\frac{2}{5}$ 時間

×1000

0.5km＝ 500 m

÷1000

700m＝ 0.7 km

3時間50分＝ $3\frac{5}{6}$ 時間

2500m＝ 2.5 km

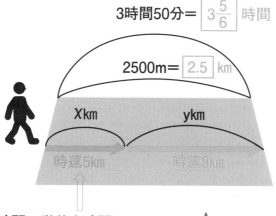

Xkm ykm

時速5km 時速8km

時間の単位を時間、
道のりの単位をkmにそろえます。

家から駅まで12000mあり、その途中にコンビニがあります。家からコンビニまで時速2km、コンビニから駅まで時速4kmで行ったとき3時間45分かかりました。

家からコンビニまでとコンビニから駅までの道

x □　　　　単位は?　　　y □

のりを求めてください。

青線部を図に書き込んで
方程式を立ててください。

ただし、道のりと時間の単位を速さの単位にそろえてください。

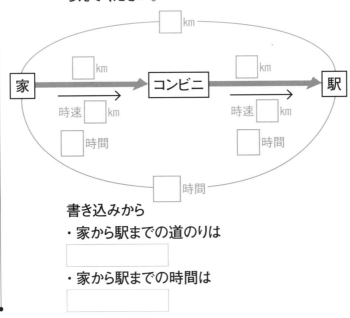

書き込みから

・家から駅までの道のりは

□

・家から駅までの時間は

□

時速4km、時速2kmにそろえるので、12000m＝12km、3時間45分＝$3\frac{3}{4}$時間、家からコンビニまでをXkm、コンビニから駅までykmとします。

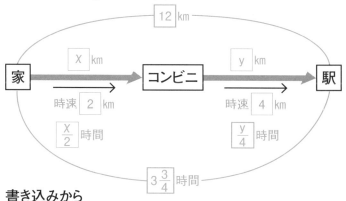

書き込みから

> ・家から駅までの道のりは
> X＋y＝12…❶
>
> ・家から駅までの時間は
> $\frac{X}{2}+\frac{y}{4}=3\frac{3}{4}$…❷

❷の両辺に4を掛けます。 2X＋y＝15…❷'

❷'－❶

$$
\begin{array}{r}
2X+y=15\cdots❷' \\
-)\ \underline{\ X+y=12\ } \\
X\ \ \ \ =3
\end{array}
$$

X＝3を❶に代入　3＋y＝12　y＝9

A. 家からコンビニまで3km、コンビニから駅まで9km

aの20%は0.2a、
aの20%増は(1＋0.2)a、
aの20%減は(1－0.2)a

割合の問題ではこの3つの表し方に
慣れることが必要です。

具体例で慣れましょう。

昨日の売り上げが45000円のとき
昨日の売り上げの6%は45000×0.06

本日の売り上げが昨日の売り上げの6%増のとき
本日の売り上げは
45000＋45000×0.06＝45000×(1＋0.06)
　　　　　　　　　　＝45000×1.06＝47700

本日の売り上げが昨日の6%減のとき本日の売り上げは
45000－45000×0.06＝45000×(1－0.06)
　　　　　　　　　　＝45000×0.94＝42300

練習
1

ある中学校の全校生徒数は<u>男女合わせて300人</u>である。そのうち<u>男子の5％と女子の15％</u>が吹奏楽部に所属しており、<u>吹奏楽部の部員数は31人</u>である。<u>男子の人数</u>と<u>女子の人数</u>を求めてください。（佐賀県改題）

練習1の答えと解説

ある中学校の全校生徒数は<u>男女合わせて300人</u>である。
　　　　　　　　　　　　　　　　　$x+y$

そのうち<u>男子の5％</u>と<u>女子の15％</u>が吹奏楽部に所属し
　　　　　$0.05x$　　　　$0.15y$

ており、<u>吹奏楽部の部員数は31人</u>である。<u>男子の人数</u>と
　　　　　$0.05x+0.15y$　　　　　　　　　　　x

<u>女子の人数</u>を求めてください。
　y

書き込みから

$x+y=300\cdots\text{❶}$
$0.05x+0.15y=31\cdots\text{❷}$

❷の両辺に100を掛けます
$5x+15y=3100\cdots\text{❸}$
❸−❶×5
$5x+15y=3100\cdots\text{❸}$
$\underline{-)\ 5x+\ 5y=1500\cdots\text{❶}×5}$
$10y=1600$
$y=160$

$y=160$を❶に代入
$x+160=300$
$x=140$

A. 男子140人、女子160人

練習 2

太郎さんの中学校では、毎月アルミ缶とスチール缶の回収を行っている。6月に回収したアルミ缶とスチール缶は両方合わせて60kgであった。7月は6月に比べ、アルミ缶が30％増えスチール缶は20％減り全体で68kgであった。6月に回収したアルミ缶をXkg、スチール缶をykgとして方程式を立てて、それぞれの重さを求めてください。(富山県改題)

練習 2 の答えと解説

6月に回収したアルミ缶とスチール缶は両方合わせて60
　　　　　　　　X　　　　　　y　　　　　　　　X+y

kgであった。7月は6月に比べ、アルミ缶が30％増えス
　　　　　　　　　　　　　　　　　　　　(1+0.3)X

チール缶は20％減り全体で68kgであった。6月に回収
(1−0.2)y　　　　　　(1+0.3)X+(1−0.2)y

したアルミ缶をXkg、スチール缶をykg〜

書き込みから

$x+y=60\cdots❶$

$(1+0.3)x+(1-0.2)y=68\cdots❷$

❷の両辺に10を掛けます

$13x+8y=680\cdots❸$

❸−❶×8

$\begin{array}{r} 13x+8y=680\cdots❸ \\ -)8x+8y=480\cdots❶×8 \\ \hline 5x=200 \\ x=40 \end{array}$

$x=40$を❶に代入

$40+y=60 \quad y=20$

A. アルミ缶40kg、スチール缶20kg

利益の問題は、最終的に 売値－原価＝利益の式に 当てはめる

8割がたはポイント⑥の復習です。
ここが分かると利益の問題は学ぶ必要がないほど
簡単です。まずはここから確認しましょう。

aの20％は0.2aでした。

この表し方を使って

利益は原価600円の20％なら

利益は600×0.2（円）

原価がX円でも同様に

利益は原価X円の20％なら

利益は0.2X（円）

aの20%増は（1＋0.2）aでした。

原価600円の30%の利益を見込んで

定価＝原価600円の3割増し

という利益の問題の表現があったら、

定価は原価600円の30%増だから、定価は

600×（1＋0.3）＝600×1.3 （円）

原価がX円でも同様に

原価X円の

$$\begin{matrix} 30\%の利益を \\ 見込んだ定価 \end{matrix} = \begin{matrix} 原価X円の \\ 3割増しの定価 \end{matrix}$$

なら、

定価は原価X円の30%増

ということだから定価は

（1＋0.3）X＝1.3X （円）

aの20%減は（1−0.2）aでした。

同様に、この表し方を使って、

定価600円の品物を1割引き（10% off）

で売りました、なら、

売値は定価600円の10%減だから、売値は

600×（1−0.1）＝600×0.9（円）

定価がX円でも同様です。

定価X円の品物を1割引き（10% off）

で売りました、なら、

売値は定価X円の10%減だから、売値は

（1−0.1）X＝0.9X（円）

ここまでの話で利益の問題が苦手な方は、
利益の問題にかかわる
いくつかの表現に惑わされていただけだと
お分かりいただけたと思います。

最後に売値の表し方の合わせワザをやります。

原価600円の品物に20%の利益を
見込んで定価をつけたが、売れないので
定価の1割引きで売った、なら、
定価は600×（1＋0.2）

売値は定価の1割引きだから
売値＝定価×（1－0.1）
　　　＝600×（1＋0.2）×（1－0.1）

原価がX円でも同様です。
原価X円の品物に20%の利益を
見込んで定価をつけたが、売れないので
定価の1割引きで売った、なら、

売値＝定価×（1－0.1）
　　　＝X×（1＋0.2）×（1－0.1）
　　　＝（1＋0.2）（1－0.1）X

準備完了です。利益の問題の方程式を立てましょう。

最終的に売値一原価=利益に当てはめます。

青線部にメモ書きして方程式を立ててください。

練習
1

ある品物を原価の50％増しの定価をつけて販売したが、売れなかったので、定価の2割引きにして売ったら利益は1200円でした。この品物の原価を求めてください。

練習
2

定価が6000円の品物を1割引きにして、さらにそこから120円引いて売ったところ、仕入れ値の1割の利益がありました。この商品の仕入れ値はいくらですか。

ある品物を<u>原価の50%増し</u>の<u>定価</u>をつけて販売したが、

　　　　　　　$(1+0.5)X$

売れなかったので、<u>定価の2割引き</u>にして売ったら<u>利益</u>は

　　　　　　　$(1+0.5)(1-0.2)X$

<u>1200円</u>でした。この<u>品物の原価</u>を求めてください。

　　　　　　　　　　　X

書き込みから

最後はこの式に当てはめます

　　　売値　　　ー　　原価＝利益

$\boxed{(1+0.5)(1-0.2)X} - \boxed{X} = \boxed{1200}$

　　　　　　$1.2X - X = 1200$

両辺に10を掛けます

　　　$12X - 10X = 12000$

　　　　　　$2X = 12000$

　　　　　　$X = 6000$

<u>A. 6000円</u>

定価が6000円の品物を1割引きにして、さらにそこから
　　　　　6000×(1−0.1)

120円引いて売ったところ、仕入れ値の1割の利益があり
6000×(1−0.1)−120　　　　　　　　　0.1*X*

ました。この商品の仕入れ値はいくらですか。
　　　　　　　　　X

書き込みから

最後はこの式の当てはめます

　　　　売値　　　　−原価=利益

$$6000×(1−0.1)−120 − X = 0.1X$$

　6000×0.9−120−*X*=0.1*X*

　　　5400−120−*X*=0.1*X*

　　　　　5280−*X*=0.1*X*

両辺に10を掛けます

　52800−10*X*=*X*

　　　　−11*X*=−52800

　　　　　　X=4800

A. 4800円

食塩水の問題は、食塩を男子、水を女子、（男子＋女子）を食塩水に対応させる

食塩水が苦手だと感じている方は、食塩が水に溶けて透明な食塩水になることに惑わされています。上記のように目に見えるものに対応させると学ぶ必要がないくらい簡単です。

食塩水は
グループ
（男子＋女子）

食塩は男子
水は女子

まず **男子についての式** を立て
解決できないときは
（男子＋女子）についての式 も使う。

この順番で式を立てます。

以下の練習の□をうめて慣れてください。

練習
1
15%の食塩水200gの中に食塩は何g入っていますか。

この問題は「200人のグループで男子が15%のとき、男子の人数を求めなさい」と同じ内容です。

食塩水
（グループ
200人）

食塩（男子15%）

水（女子）

200人のグループの男子が15%と考え、

| ア | × | イ | = | ウ | (g) |

200…ア　　　　0.15…イ

200×0.15＝30…ウ

男子の人数は食塩の重さのことだから

A. 30g

20gの食塩で5%の食塩水は何gできますか。

この問題は「食塩水をXgとすると、X人のグループの5%が男子で20人」と同じ内容です。

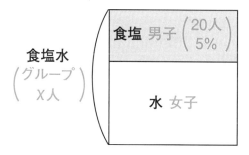

食塩水をXgとおきます。

X人（g）の5%が20人（g）と思って、

ア	×	イ	=	ウ	(g)
X…ア		0.05…イ		20…ウ	

X×0.05＝20
　0.05X＝20
両辺に100を掛ける
　　5X＝2000
　　　X＝400

A. 400g

24gの食塩で10%の食塩水を作るには
何gの水が必要ですか。

この問題は「水をXgとすると、グループ（24＋X）人の10%が男子
で24人」と同じ内容です。

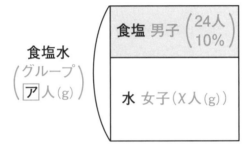

水をXgとおきます。
グループ ア 人（g）の10%が24人（g）と考えれば、

イ

という方程式が立てられます。

ア：（X＋24）　イ：0.1（X＋24）＝24

0.1（X＋24）＝24
　0.1X＋2.4＝24
両辺に10を掛ける
　　　X＋24＝240
　　　　　X＝240－24
　　　　　X＝216　　　　　　A. 216g

練習
4

15%の食塩水200gに水を何g加えると10%の
食塩水になりますか。(法政女子高改題)

この問題は「加える水をXgとすると、グループ200人の15%の男
子はグループ（200＋X）人では10%です」と同じ内容です。

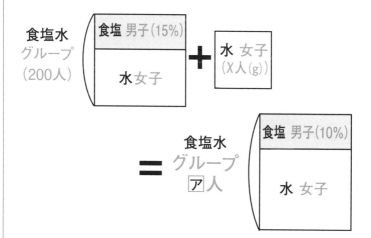

後から加える水をXgとおきます。男子に着目します。
グループ200人の15%がグループ ア 人の10%と考えれば、

イ

という方程式が立てられます。

ア　200＋X
イ　200×0.15＝0.1（200＋X）
　　　30＝0.1（200＋X）
両辺に10を掛ける
300＝200＋X　　X＝100

A. 100g

濃度が6%の食塩水と10%の食塩水があります。この2種類の食塩水を混ぜ合わせて7%の食塩水600gを作ります。6%の食塩水と10%の食塩水はそれぞれ何gですか。(埼玉県改題)

練習 5 の答えと解説

この問題は6%食塩水をXg、10%食塩水をygとすると
「グループX人の6%の男子と、グループy人の10%の男子を足すと、600人の7%になる。また、グループX人とy人を足すと600人になる」と同じ内容です。

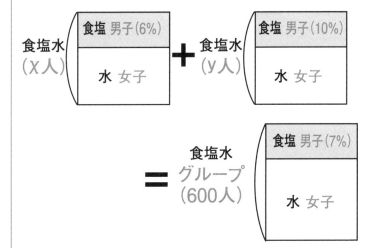

そこで男子については [ア] …❶
グループについては [イ] …❷
という方程式が成り立ちます。
ア 0.06X＋0.1y＝600×0.07　イ X＋y＝600
❶より 0.06X＋0.1y＝42　この両辺に100を掛けて
　　　　　6X＋10y＝4200…❸

❸－❷×6
　6X＋10y＝4200…❸
－)6X＋ 6y＝3600…❷×6
　　　　4y＝ 600
　　　　 y＝150　これを❷に代入
X＋150＝600
　　X＝450

A. 6%の食塩水450g、10%の食塩水150g

本書のやり方なら
食塩水の問題は
学ばなくてもできる。
納得していただけましたか！

方程式のまとめ

大原則

求めるものをx、またはx、yとおいて
問題文にメモ書きする

裏ワザ

xの方程式が立てにくいときは、
さしあたり連立で立ててyを消す

以下の定番問題に「大原則」と「裏ワザ」を使うことで、方程式の文章問題全体に強くなる

① 2桁の整数は「10a+b」

② 面積と体積の問題は、図を書いて、
問題文にあることを書き込む

③ 速さ・時間・道のりの問題では、
速さの単位に道のりと時間の単位をそろえる

④ aの20%は「0.2a」、aの20%増は「(1+0.2)a」、
aの20%減は「(1−0.2)a」

⑤ 利益の問題は、
最終的に「売値−原価＝利益」に当てはめる

⑥ 食塩水は、「食塩を男子」「水を女子」
「食塩水を男子＋女子」に対応させる

PART 3

「見て」「書く」だけで

図形の計算と証明で点を上げる！

図形問題もどこから手をつけたらいいのか
いつも迷います。

図形問題もこれまでと同じで、
問題文に書いてあることを
図に書き込めばいいのです。

あとはよく出るパターンに
まとめて慣れれば
図形問題は簡単です。

ポイント
①

角度の計算は、
●▲をX、yとおく

たとえば、この図のまま∠Aを求めるのは難しいです。

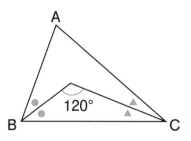

しかーし　●＝X　▲＝y　とおくと

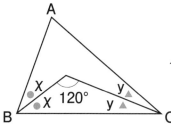

X＋y＋120＝180
∠A＋2X＋2y＝180
　　と書けて
　　　　X＋y＝60
　　　　∠A＝60（°）
と簡単に∠Aが求まります。

∠アを求めてください。

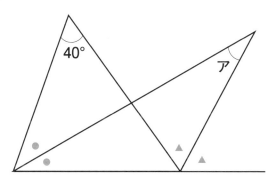

練習１の答えと解説

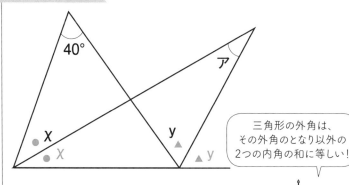

三角形の外角は、
その外角のとなり以外の
2つの内角の和に等しい！

X＋ア＝y

2X＋40＝2y…❶　◁X＋X＋40＝y＋y

　　　ア＝ y－X ─これがほしいなという目で❶を眺める

❶より　40＝2y－2X

　　　　40＝2（y－X）

　　　y－X＝20…ア

A. ∠ア＝20°

∠ABD＝∠CBD、∠ACD＝∠BCDのとき∠ア
を求めてください。(専修大附属高)

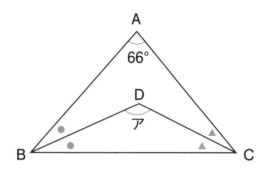

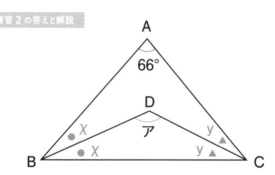

$2X+2y+66=180\cdots❶$

$∠ア+\boxed{X+y}=180\cdots❷$
　　　　└これがほしい

❶より $2(X+y)+66=180$

　　　　$2(X+y)=114$

　　　　　$X+y=57$

❷より $∠ア+57=180$

　　　　$∠ア=123$　　　　　　A. $∠ア=123(°)$

∠DAE＝80°、AD＝BD、AE＝CEのとき、
∠BACの大きさを求めなさい。(青森県)

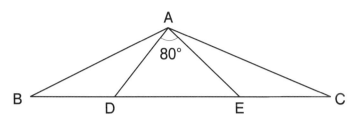

練習3の答えと解説

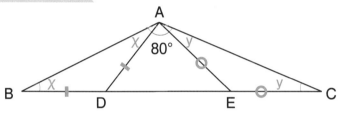

∠BAC＝ $\boxed{X+y}$ ＋80…❶
　　└これがほしい

2X＋2y＋80＝180　⇦△ABCの3つの角の合計

2(X＋y)＋80＝180

　　　　X＋y＝50

❶より　∠BAC＝50＋80

　　　∠BAC＝130

A. ∠BAC＝130 (°)

ポイント
②

平行線に折れ線の問題は、平行な補助線を書き入れる

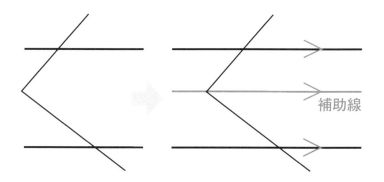

補助線

このように書き入れます。

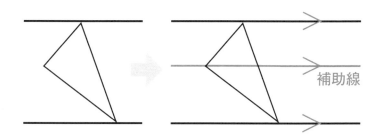

補助線

練習
1
　　m／nのとき∠Xの大きさを求めてください。

（秋田県）

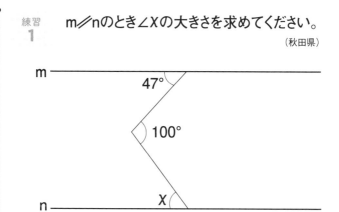

練習1の答えと解説

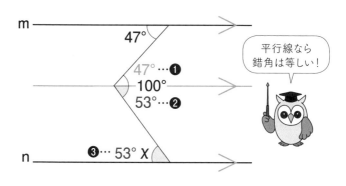

m ——————————
47°

47°…❶
100°
53°…❷

❸… 53° X

n ——————————

平行線なら
錯角は等しい！

A. ∠X＝53°

❶→❷→❸と
イモヅルです。

m∥nのとき∠Xの大きさを求めてください。

（鹿児島県）

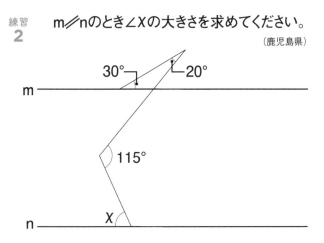

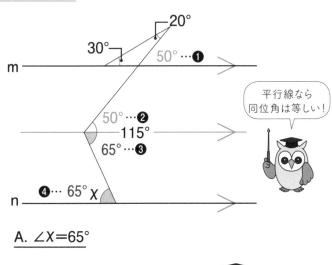

平行線なら
同位角は等しい！

A. ∠X＝65°

❶→❷→❸→❹と
イモヅルです。

練習
3

m∥nのとき∠Xの大きさを求めてください。
△ABCは正三角形です。(岩手県)

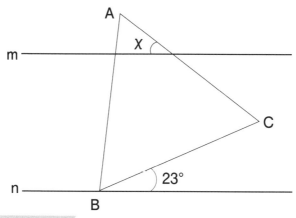

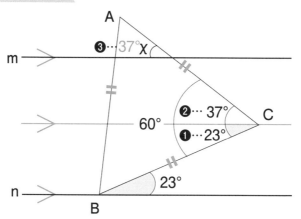

A. ∠X＝37°

❶→❷→❸で
イモヅル！

平行線なら、比の移動と相似を考える

AD：DB＝3：2とDE∥BCが与えられたら

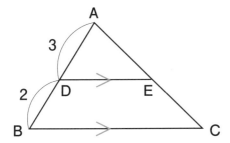

AD：DB＝AE：EC＝3：2

△ADE∽△ABC

AD：AB＝AE：AC

＝DE：BC

＝3：5

この書き込みをしましょう。

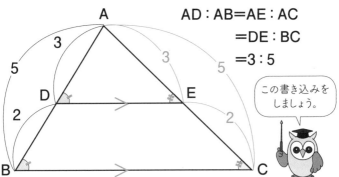

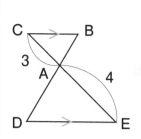

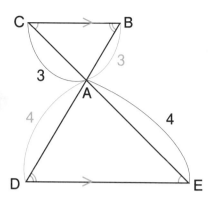

AC：AE＝3：4と
CB∥DEが与えられたら

△ABC∽△ADE
AC：AE＝AB：AD
　　　　＝BC：DE
　　　　＝3：4

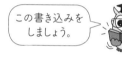

この書き込みを
しましょう。

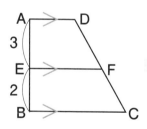

この図を見たら

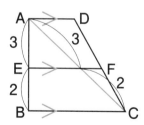

対角線ACを
補助線として
書きます。

□をうめてください。(新潟県改題)

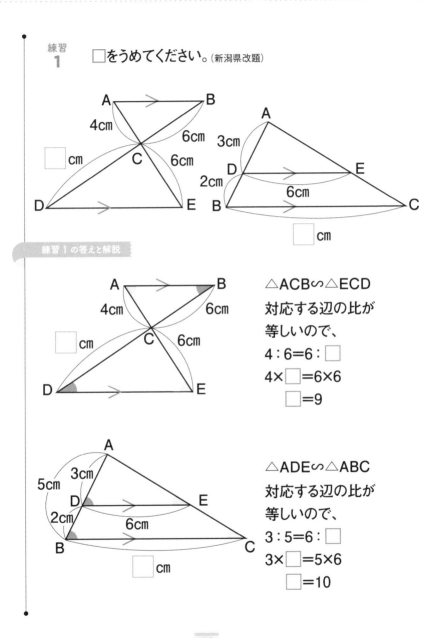

△ACB∽△ECD
対応する辺の比が
等しいので、
4：6=6：□
4×□=6×6
□=9

△ADE∽△ABC
対応する辺の比が
等しいので、
3：5=6：□
3×□=5×6
□=10

四角形ABCDで
AD∥BC∥EF、
AE：EB＝3：2、
AD＝10cm、BC＝25cm
のとき、線分EFの長さ
を求めてください。

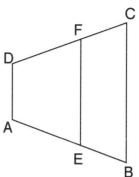

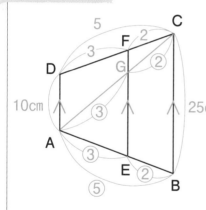

問題文に書いてある
ことをまず記入する。
次に対角線ACを書
き入れると、青字の丸
数字の書き入れがで
きます。

△AEG∽△ABCより

EG：BC

＝EG：25＝3：5

EG×5＝25×3

EG＝15

△CFG∽△CDAより

FG：DA＝FG：10＝2：5

FG×5＝10×2

FG＝4

EF＝EG＋FG＝15＋4＝19

<u>A. 19cm</u>

ポイント
④

中点を見たら、中点連結定理。平行・長さ $\frac{1}{2}$ を連想する

M、Nは中点。
この図を見たら

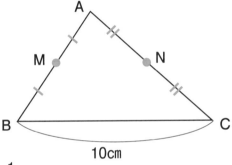

平行で長さ $\frac{1}{2}$

MN∥BC、MN＝$\frac{1}{2}$BC

これが中点連結定理です。

※BCがMNの2倍も
よく使います。

右の青字の
ように書き込む

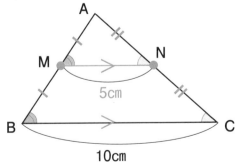

xとyを求めてください。(新潟県改題)

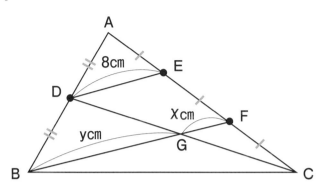

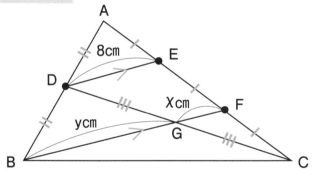

△ABFについて　　　　　△CEDについて
中点連結定理より　　　　中点連結定理より

$8=\dfrac{1}{2}(x+y)$　　　　$x=8\times\dfrac{1}{2}$

$x+y=16\cdots❶$　　　　$x=4\cdots❷$

A. x=4、y=12

四角形ABCDはAD∥BCの台形であり、点E、Fはそれぞれ AB、CDの中点です。 AD＝3cm、BC＝11cmのとき、線分EFの長さを求めてください。(秋田県改題)

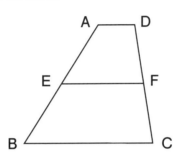

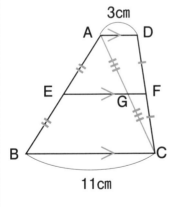

問題文にあることを書き入れます。次に定番の対角線と分かることを書き入れます（青字部分）。

中点連結定理より

$EG＝\dfrac{11}{2}$　　$FG＝\dfrac{3}{2}$

$EF＝EG＋FG$

$＝\dfrac{11}{2}＋\dfrac{3}{2}＝7$

A. 7cm

証明で、正三角形が2つなら、60°±共通角は等しい。正方形が2つなら、90°±共通角は等しい

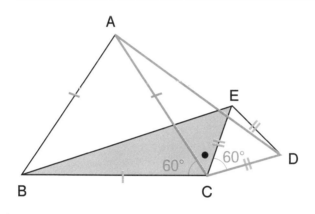

上図の2つの正三角形がからむ証明で
△BCEと△ACDの合同を証明しようとしたとき

共通角
$$∠BCE = 60° + ∠ACE = ∠ACD$$

が分かれば楽勝です。

右図のような2つの正三角形（△ABCと△CDE）がからむ証明で△BCDと△ACEの合同を証明しようとするとき

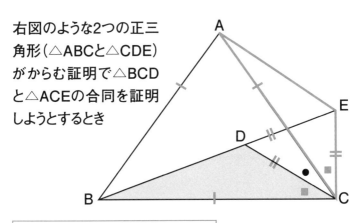

共通角
∠BCD＝60°−∠DCA＝∠ACE が分かれば楽勝です。

右図の2つの正方形がからむ証明で△ADEと △CDGの合同を証明しようとするとき

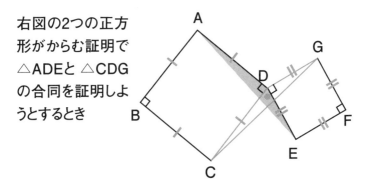

共通角
∠ADE＝90°＋∠CDE＝∠CDG が分かれば楽勝です。

AD＝CD、DE＝DG、∠ADE＝∠CDG
2辺とその間の角がそれぞれ等しいので
△ADE≡△CDG

下図のような2つの正方形がからむ証明で、△ADEと
△CDGの合同を証明しようとするとき

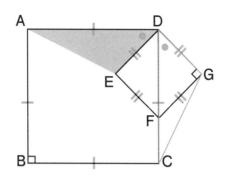

共通角
∠ADE＝90°−∠EDC＝∠CDG が分かれば楽勝です。

練習
1 △BDCと△ACEはともに正三角形です。線分
ADとBEとの交点をF、線分ADとBCとの交点
をGとします。△ADC≡△EBCであることを証
明してください。

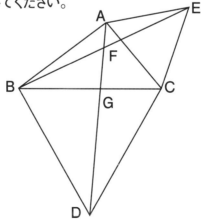

青字の部分を書き入れ、次に●を書き入れます。

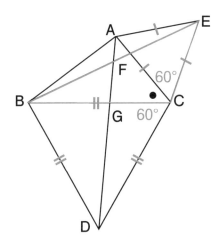

△ADCと△EBCについて

DC＝BC（正三角形の性質）

CA＝CE（正三角形の性質）

∠DCA＝60°＋∠BCA＝∠BCE

2辺とその間の角がそれぞれ等しいので

△ADC≡△EBC

練習 2

∠Aが鋭角の△ABCの2辺AB、ACをそれぞれ1辺とする正方形ADEB、正方形ACFGを△ABCの外側につくります。

このとき△ABG≡△ADCであることを証明してください。(鹿児島県)

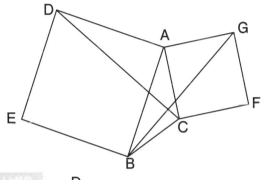

練習 2 の答えと解説

青字の部分を書き入れ、次に●を書き入れます。

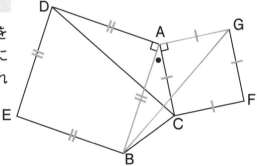

△ABGと△ADCについて

　AB＝AD（正方形の性質）

　AG＝AC（正方形の性質）

　∠BAG＝90°＋∠BAC＝∠DAC

2辺とその間の角がそれぞれ等しいので

　△ABG≡△ADC

ポイント
⑥

長方形の
折り返しの図形は合同で、
重なった部分に
二等辺三角形ができる

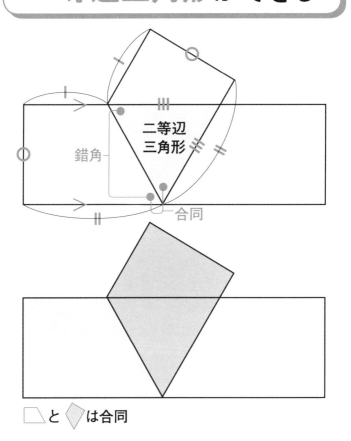

二等辺
三角形

錯角

合同

◇ と ◇ は合同

練習 1 長方形ABCDを線分ACを折り目として折り返した図形です。∠Xを求めてください。

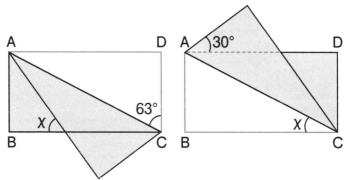

練習 1 の答えと解説

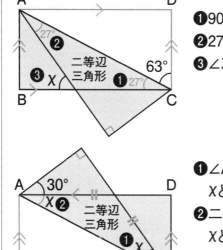

❶90°−63°=27°
❷27°（二等辺三角形より）
❸∠X＝27°＋27°

　　A. ∠X＝54°

❶∠ACBと合同より
　Xと同じ
❷二等辺三角形より
　Xと同じ
❸∠X＋∠X＋30°＋90°＝180°
　　A. ∠X＝30°

練習
2

図のように長方形ABCDを線分EFを折り目と
して折り返すと∠B'FC=76°になりました。この
とき∠A'EFの大きさを求めてください。(静岡県改題)

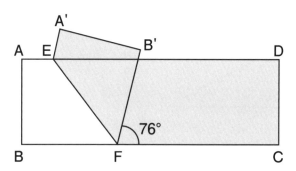

練習 2 の答えと解説

練習 2 の答えと解説

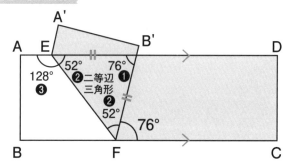

❶ 平行線と錯角により76°

❷ 二等辺三角形より52°

❸ ∠AEF＝180°−52°＝128°

折り返しの図形は合同なので

❹ ∠A'EF＝∠AEF＝128°

A. ∠AEF＝128°

三角形で、2辺が等しいなら底角を、2角が等しいなら等しい2辺を書き込む

こう与えられたら

こう与えられたら

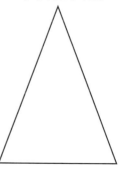

反射的に書き込んでください。

こう書き込む

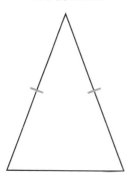

こう書き込む

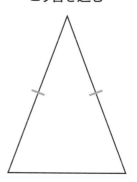

AB＝ACのとき∠Xを求めてください。

【1】

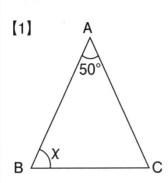

【2】 m∥n

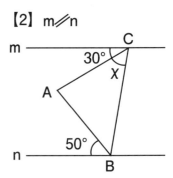

【1】

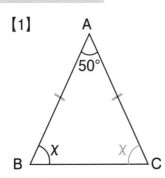

$2∠X+50°=180°$

$2∠X=130°$

$∠X=65°$

<u>A. ∠X＝65°</u>

【2】 m∥n

```
m ─────────── C
      30°  X
  A  30°
補助線 50°
      50°
n ─────────── B
```

$2∠X+80°=180°$

$2∠X=100°$

$∠X=50°$

<u>A. ∠X＝50°</u>

練習 2

BA＝BCの二等辺三角形ABCがある。
このとき∠Xの大きさを求めてください。(山梨県)

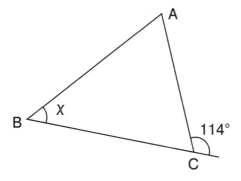

練習 2 の答えと解説

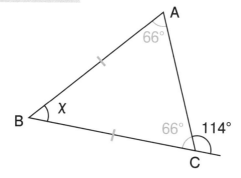

∠X＋66°＋66°＝180°

∠X＝48°

A. ∠X＝48°

m∥nで△ABCはAB＝ACの二等辺三角形。
このとき∠×の大きさを求めてください。(奈良県)

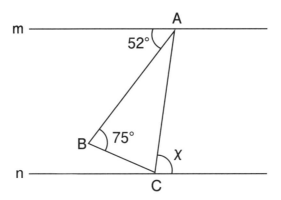

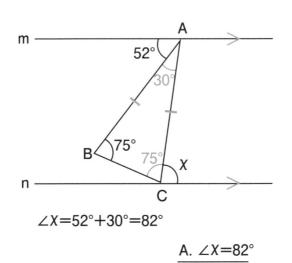

∠×＝52°＋30°＝82°

A. ∠×＝82°

練習
4

下図で∠BAC=42° AB=AC AD=BD。
このとき∠Xの大きさを求めてください。(山口県)

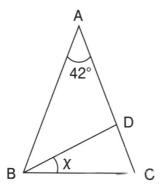

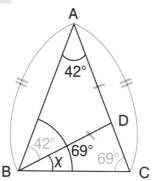

∠C=∠B=(180°−42°)÷2=69（°）
∠X=69°−42°=27°

A. ∠X=27°

AB＝ACの二等辺三角形ABCの 辺BC上 に、BD＝CEとなるようにそれぞれ点D、Eをとる。ただし、BD＜DCとする（ならば）このとき、△ABE≡△ACDであることを証明しなさい。

（栃木県）

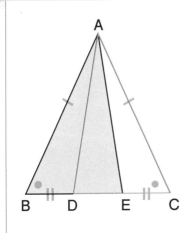

練習5の答えと解説

AB＝AC→∠B＝∠C
BD＝CE

反射的に
書き込んでください。

△ABEと△ACDについて
　AB＝AC（仮定）
　BE＝CD
　⎛仮定より　BD＝CE⎞
　⎜BE＝BD＋DE⎜
　⎝CD＝CE＋DE⎠
　∠B＝∠C（AB＝AC）
　2辺とその間の角が
　それぞれ等しいから
　△ABE≡△ACD

AD∥BCの台形ABCDがあります。
∠BCD＝∠BDC、BD上に点Eがあり∠ABD＝
∠ECB。このときAB＝ECを証明してください。

（広島県）

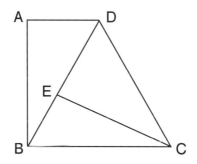

練習6の答えと解説

問題文にあることを書き入れます。

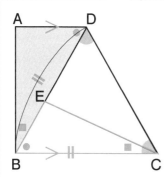

AD∥BC

ここは反射的に
書き入れます。

同位角・錯角
↓
∠ADB＝∠DBC

∠BCD＝∠BDC→BC＝BD
∠ABD＝∠ECB

△ADBと△EBCについて
　DB＝BC（∠BCD＝∠BDC）
　∠ADB＝∠EBC（AD∥BC　錯角）
　∠ABD＝∠ECB（仮定）
　1辺とその両端の角がそれぞれ等しいから
　△ADB≡△EBC　ゆえに　AB＝EC

△ADB≡△EBCが
見えてきます。

円の問題では、
等しい円周角、中心角から円周角、円周角から中心角を書き入れる

等しい長さの弧に対する円周角は等しいので

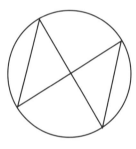

この図を見たら

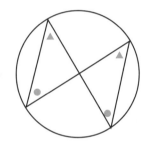

こう書き入れる

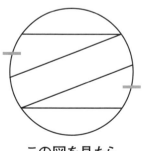

この図を見たら

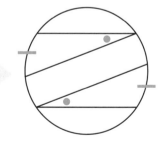

こう書き入れる

円周角は中心角の$\frac{1}{2}$

中心角は円周角の2倍なので

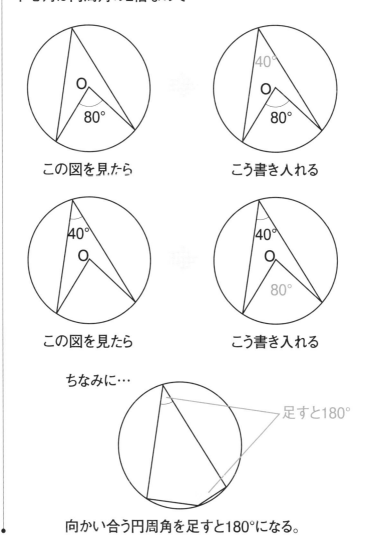

この図を見たら

こう書き入れる

この図を見たら

こう書き入れる

ちなみに…

足すと180°

向かい合う円周角を足すと180°になる。

□をうめて∠Xを求めてください。

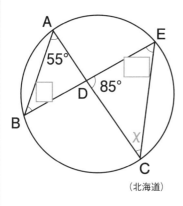

（北海道）

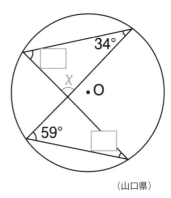

（山口県）

練習1の答えと解説

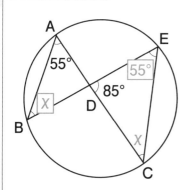

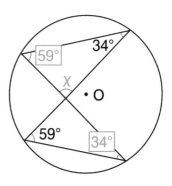

85°＋55°＋∠X＝180°

∠X＝40°

A. ∠X＝40°

34°＋59°＋∠X＝180°

∠X＝87°

A. ∠X＝87°

□をうめて∠Xを求めてください。

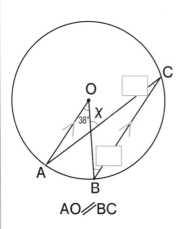

AO∥BC

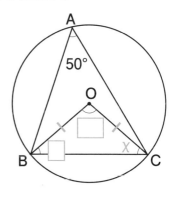

（新潟県）

練習 2 の答えと解説

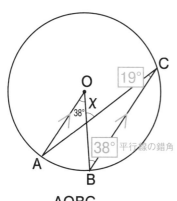

AOBC

∠X＝38°＋19°

∠X＝57°

A. ∠X＝57°

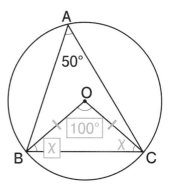

2∠X＋100°＝180°

∠X＝40°

A. ∠X＝40°

□をうめて∠Xを求めてください。

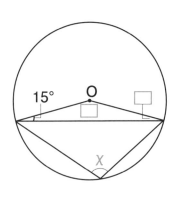

ヒント

100° この図を
見たら

足して180°

80°
↑
100° 反射的に
こう書き込む

練習 3 の答えと解説

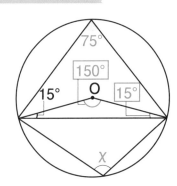

75°

150°

15°　O　15°

X

円周角は中心角の $\frac{1}{2}$

∠X＋75°＝180°

∠X＝105°

A. ∠X＝105°

点Dと円周上の3点A、B、Cを頂点とする
△ABCがあり、AB=ACです。そしてADとBC
の交点がEです。このとき△ADC∽△ACEを
証明してください。

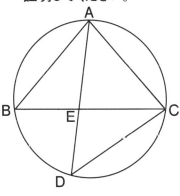

積極的に円周角を
書き込みます。

問題文の青字部分を書き入れます。

円⇨等しい円周角
AB=AC⇨底角は等しい
この他に
角の共通があります。

ここは反射的に
書き入れます。

△ADCと△ACEについて
∠CAD=∠EAC（共通）
∠ADC=∠ACE
$\left(\begin{array}{l}\text{AB=ACより } ∠B=∠ACE \\ \overset{\frown}{AC}\text{の円周角より}∠B=∠ADC\end{array}\right)$
2組の角がそれぞれ等しいので
△ADC∽△ACE

下の円で$\overset{\frown}{AB}=\overset{\frown}{BC}=\overset{\frown}{CD}$、線分BEと線分ADの交点をFとするとき、△ACE∽△FDEであることを証明しなさい。(鹿児島県)

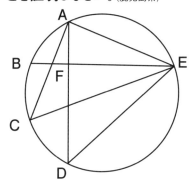

練習 5 の答えと解説

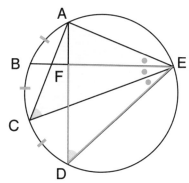

青線部分および
等しい円周角を
書き込みます。

△ACEと△FDEについて

∠ACE＝∠FDE（$\overset{\frown}{AE}$の円周角）

∠AEC＝∠FED $\left(\begin{array}{l}\overset{\frown}{AB}=\overset{\frown}{BC}=\overset{\frown}{CD} \\ \overset{\frown}{AC}=\overset{\frown}{AB}+\overset{\frown}{BC} \\ \overset{\frown}{BD}=\overset{\frown}{BC}+\overset{\frown}{CD} \\ \text{なので}\overset{\frown}{AC}=\overset{\frown}{BD}\end{array}\right)$

2組の角がそれぞれ等しいので △ACE∽△FDE

直径を見たら
円周角90°を書き入れる

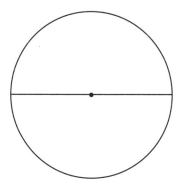

直径を見たら

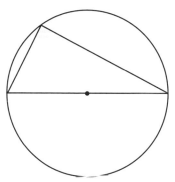

反射的に
円周角90°を
書き入れます。

□をうめて∠Xを求めてください。(青森県)

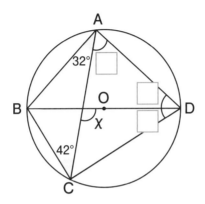

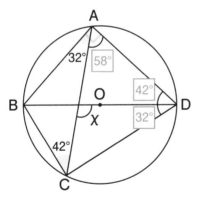

直径→円周角90°と
等しい円周角を
書き込みます。

∠X＝58°＋42°

∠X＝100°

A. ∠X＝100°

∠Xを求めてください。（新潟県改題）

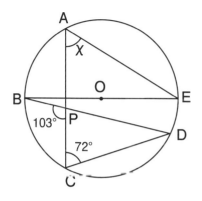

練習 2 の答えと解説

直径→円周角が90°、を使うために
線分を書き入れます。

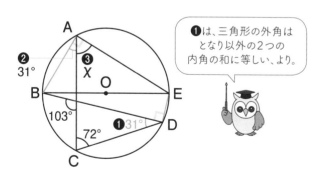

❶は、三角形の外角は
となり以外の2つの
内角の和に等しい、より。

❸∠90°−31°＝59°

練習 **3**　Oは円の中心です。∠AED＝90° のとき（ならば）、△ABC∽△EDA を証明してください。

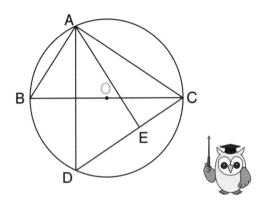

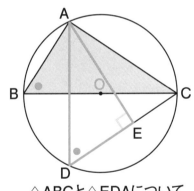

∠AED＝90°
Oは円の中心

⬇

円周角90°を書き込む。
等しい円周角を
すべて書き込む。

△ABCと△EDAについて
∠B＝∠D（⌒ACの円周角）
∠CAB＝∠AED（仮定より∠AED＝90°
BCが直径より∠CAB＝90°）
2組の角がそれぞれ等しいので
△ABC∽△EDA

点A、点B、点C、点Pは円周上の点で AB は直径です。点RはBPの延長線上にあります。BP＝RP のとき（ならば）△ABP≡ △ARPであることを証明してください。（東京都改題）

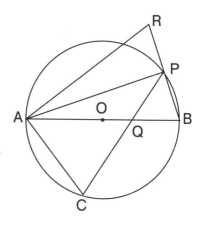

練習 4 の答えと解説

これらを
書き込みます。

円→等しい円周角
ABは直径→円周角90°
BP＝RP
それだけでは足りないとき
→共通と対頂角は?

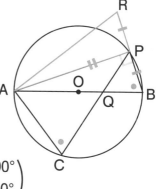

△ABPと△ARPについて
　BP＝RP（仮定）
　∠BPA＝∠RPA
　$\left(\begin{array}{l}\text{ABは直径だから}∠\text{BPA}＝90°\\∠\text{RPA}＝180°-∠\text{BPA}＝90°\end{array}\right)$
　APは共通
　2辺とその間の角がそれぞれ等しいので
　△ABP≡△ARP

図形のまとめ

原則

問題文に書いてあることを
図に書き込む

あとは以下のよく出るパターンに慣れることです

① 角度の計算は●▲を X、yとおく

② 平行線に折れ線の問題は、
平行線を補助線として書き入れる

③ 平行線の問題なら、比の移動と相似を考える

④ 中点を見たら「中点連結定理」。
平行で長さは $\frac{1}{2}$

⑤ 正三角形が2つなら、60°±共通角。
正方形が2つなら、90°±共通角

⑥ 長方形の折り返し問題は、
合同と二等辺三角形に着目

⑦ 三角形で2辺が等しいときは、等しい2角、
2角が等しいときは、等しい2辺を書き入れる

⑧ 円では等しい円周角と、円周角＝中心角の $\frac{1}{2}$、
中心角＝円周角の2倍を書き込む

⑨ 直径を見たら円周角90°を書き込む

計算ミス、うっかりミスをしなくなる 計算問題の直前対策

ここまで関数、方程式、図形で「見て」「書く」だけで点数が取れるポイントを紹介してきました。

 これで試験で＋10点はいけそうです!

最後の仕上げに、つい計算ミス、うっかりミスしがちな計算問題を紹介します。テスト直前にやっておけば、もったいない失点を防げて、点数は安定します!

ある文字について解く

m＝2（a＋b）をbについて解きなさい。

（埼玉県）

こういう問題が出たときにヤッター、ラッキーと思わない方は、
ここでその気になってください。

こういう問題が<u>苦手な人には</u>
m＝2（a＋b）は<u>mもaもbも文字に見えています。</u>

得意な人は、m＝2（a＋b）のように
bだけが文字であとは数字ととらえています。
そうすると、単なる1次方程式ですから簡単です。
ではさっそくやっていきましょう。

$$8＝2（3＋x）$$
$$8＝6＋2x$$
$$-2x＝6-8$$
$$x＝-\frac{1}{2}×（6-8）$$

こちらができれば

$$m＝2（a＋b）$$
$$m＝2a＋2b$$
$$-2b＝2a-m$$
$$b＝-\frac{1}{2}（2a-m）$$

こちらもできます

$m=\dfrac{2a+b+c}{4}$ をcについて解いてください。

（大分県）

$m=\dfrac{2a+b+c}{4}$ と見ます。

分数の方程式だから
両辺に4を掛けます。

$4m=2a+b+c$

文字は左辺、数字は右辺に移項して

$-c=2a+b-4m$

両辺に−1 を掛けて

$c=-(2a+b-4m)=-2a-b+4m$ A. $c=-2a-b+4m$

$v=\dfrac{1}{3}\pi r^2 h$ をhについて解いてください。

$v=\dfrac{1}{3}\pi r^2 h$ と見ます。

$6=8h$なんかと形は同じです。
だったら、移項して逆数を掛けて
はい終わりです。

$-\dfrac{1}{3}\pi r^2 h=-v$

$h=-\dfrac{3}{\pi r^2}\times(-v)=\dfrac{3v}{\pi r^2}$

A. $h=\dfrac{3v}{\pi r^2}$

その❷

おうぎ形の計算

半径が4㎝で弧の長さが$\frac{6}{5}\pi$のおうぎ形です。中心角∠Xの大きさは何度ですか。ただしπは円周率です。

（鹿児島県）

こういう問題が出たとき、ヤッター、ラッキーと思わない方は、
ここでその気になってください。

でもこれは応用問題ではないんですか?
そんな声も聞こえそうですが、
おうぎ形の計算は考える問題ではなく、
以下の3つの公式のどれかに当てはめればできますから
「考えなくてもできる」ということで、
私は計算問題だと考えています。それほど簡単です。
では3つの公式を確認しましょう。

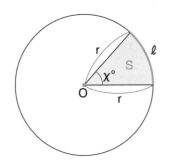

公式①…おうぎ形の弧の長さ

$$\ell = 2\pi r \times \frac{x}{360}$$

公式②…おうぎ形の面積1

おうぎ形の面積は円の面積（πr²）の$\frac{X}{360}$だから

$$S=\pi r^2 \times \frac{X}{360} \quad ともう1つ。$$

公式③…おうぎ形の面積2　$S=\frac{1}{2}\ell r$

を覚えておいてください。
その証明式ははぶきますが、てっとり早く下図のイメージで。

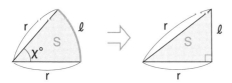

では最初に紹介した問題に戻りましょう。
①②③の3つの式をさっと書いて、
どれが使えるか当てはめてください。①でいけますね。

$$\ell = 2\pi r \times \frac{X}{360} \quad \cdots①$$

$$\underset{\frac{6}{5}\pi}{\Uparrow} \qquad \underset{4}{\Uparrow}$$

$$\frac{6}{5}\pi = \overset{1}{8}\pi \times \frac{X}{360}\!\!\!\!_{45}$$

1文字Xについて解くわけだから、X以外は数字と見ます。
文字は左辺、数字は右辺に移項します。

$$-\frac{\pi}{45}X = -\frac{6}{5}\pi \qquad X = -\frac{6}{5}\pi \times (-\frac{45}{\pi}) = 54$$

$$\angle X = 54° \qquad \underline{A. \ 54°}$$

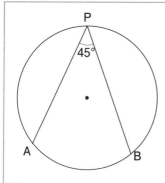

弧ABに対する円周角
∠APBが45°で、
弧ABの長さが2π cm
のとき、円の半径を求
めてください。(岩手県)

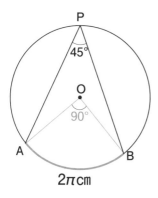

2π cm

3つの式を書くと
これも①が使えます。

$$\ell = 2\pi r \times \frac{\overset{90°}{\Downarrow}X}{360} \quad \cdots ①$$

$$2\pi = 2\pi r \times \frac{90}{360}$$

$$2\pi = \frac{\pi r}{2}$$

$$-\frac{\pi r}{2} = -2\pi$$

$$r = -2\pi \times \left(-\frac{2}{\pi}\right) = 4$$

<u>A. 4cm</u>

その❸

分数がある式の計算

$\dfrac{x-y}{6} - \dfrac{x+y}{8}$ を計算してください。（大分県）

この式を計算するときには2つのポイントを押さえます。

① 分数の分子は（　）つきにすること

② 全部割れるときだけ約分すること、です。

$$\dfrac{x-y}{6} - \dfrac{x+y}{8} = \dfrac{(x-y)}{6} - \dfrac{(x+y)}{8} \quad \Leftarrow \text{（　）をつけて}$$
$$\text{計算する}$$

$$= \dfrac{4(x-y)-3(x+y)}{24}$$

$$= \dfrac{4x-4y-3x-3y}{24} = \dfrac{x-7y}{24}$$

A. $\dfrac{x-7y}{24}$

本問では迷いませんが
計算結果の注意点

$\dfrac{\overset{4}{8x}-\overset{3}{6}}{\underset{2}{4}} = \dfrac{4x-3}{2}$

⇧
全部割れたら約分

$\dfrac{\overset{2}{8x}-5}{\underset{1}{4}} = 2x-5$

⇧
一部の約分は間違い

付録　**169**　計算問題の直前対策

比の方程式

15：$(x-2)＝3：2$のとき、xの値を求めてください。（茨城県）

この方程式はやる機会が少ないので
テスト前には一度やっておきましょう。
この方程式のポイントは

a：b＝c：d ならad＝bc（**外項の積＝内項の積**）

$$15：(x-2)＝3：2 \quad より$$

$15×2＝3(x-2)$

$30＝3x-6$

$-3x＝-30-6$

$-3x＝-36$

$x＝12$

平行線と比の移動や相似で使います。

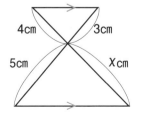

$3：5＝4：x$

$3x＝5×4$

$3x＝20$

$x＝\dfrac{20}{3}$

A. $\dfrac{20}{3}$

比の式と連立方程式

> x−y=6、x：y=3：1を解いてください。
>
> （栃木県改題）

比の方程式はやる機会が少ないので
連立方程式と組み合わされるとあわてます。
テスト前に一度見ておきたいですね。

x−y=6…①　　　x：y=3：1…②
②より　x=3y…②'　これを①に代入します
3y−y=6　2y=6　y=3　これを②'に代入
x=9

A. x=9　y=3

> (x−2)：y=3：2…①
> 2x−y=8…②　　を解いてください。

①より 2(x−2)=3y
　　　　2x−4=3y
　　　　2x−3y=4…①'

①'−②

　　2x−3y=4…①'　　　y=2を②に代入
−）2x− y=8…②　　　2x−2=8
　　　−2y=−4　　　　2x=10
　　　　　y=2　　　　　x=5

A. x=5　y=2

片方が分数の連立方程式

$$4(X+1)+7y=9\cdots①$$
$$\frac{X}{5}+\frac{y}{6}=-\frac{3}{10}\cdots②$$

を解いてください。

（東京都立川）

分数の方程式でしかも連立方程式です。
時間がかかりそうでイヤになります。
だから、テスト前に一度やっておきましょう。

②の両辺に30を掛けます

$$30\left(\frac{X}{5}+\frac{y}{6}\right)=-\frac{3}{10}\times30$$
$$6X+5y=-9\cdots②'$$

①より $4X+4+7y=9$
$$4X+7y=5\cdots①'$$

②'×2−①'×3

$$\begin{array}{r}12X+10y=-18\cdots②'×2\\ -)\ 12X+21y=\ \ 15\cdots①'×3\\ \hline -11y=-33\end{array}$$

$$y=3\cdots①'に代入$$

$$4X+7\times3=5$$
$$4X+21=5$$
$$4X=-16$$
$$X=-4$$

A. $X=-4$　$y=3$

小数と分数の連立方程式

$0.7x-0.1y=-2.5\cdots$① を解いてください。
$-\dfrac{2}{3}x+\dfrac{1}{4}y=3\cdots$②

（東京都八王子東）

分数の方程式と小数の方程式の連立は
見ただけでイヤになります。
だからテスト前に一度やっておきましょう。

①×10
$10(0.7x-0.1y)=-2.5\times10$
$\qquad 7x-y=-25\cdots$①'

②×12
$12\left(-\dfrac{2}{3}x+\dfrac{1}{4}y\right)=3\times12$
$\qquad -8x+3y=36\cdots$②'

①'×3+②'
$\quad 21x-3y=-75\cdots$①'×3
$\underline{+)\ -8x+3y=\ \ 36\cdots②'}$
$\quad 13x\qquad =-39$
$\qquad\quad x=-3\cdots$これを①'に代入

$7\times(-3)-y=-25$
$\quad -21-y=-25$
$\qquad\quad y=4$

<u>A. $x=-3$　$y=4$</u>

平方根を有理化する計算

$\sqrt{8} + \dfrac{2}{\sqrt{2}}$ を計算してください。（埼玉県）

平方根の計算では有理化までやればOK。
だからテスト前には見ておきましょう。
それから、ルートの中が大きい数の場合は
$\sqrt{16} = 4$ のように $\sqrt{}$ がはずれたり
$\sqrt{18} = \sqrt{9 \times 2} = 3\sqrt{2}$ のように $\sqrt{}$ から
一部出たりするところも見落とさないでください。

$$\sqrt{8} + \frac{2}{\sqrt{2}} = \sqrt{8} + \frac{2}{\sqrt{2}} \times \frac{\sqrt{2}}{\sqrt{2}} \quad \Leftarrow \text{まず有理化}$$

$$= \sqrt{8} + \frac{2\sqrt{2}}{2} = \sqrt{8} + \frac{2\sqrt{2}}{2}$$

$$= \sqrt{8} + \sqrt{2} = 2\sqrt{2} + \sqrt{2} = 3\sqrt{2}$$

A. $3\sqrt{2}$

$\sqrt{12} + \dfrac{\sqrt{6}}{\sqrt{18}}$ を計算してください。

$$\sqrt{12} + \frac{\sqrt{6}}{\sqrt{18}} = 2\sqrt{3} + \frac{1}{\sqrt{3}} \quad \Leftarrow \frac{\sqrt{6}}{\sqrt{18}} = \sqrt{\frac{6}{18}} = \frac{1}{\sqrt{3}}$$

$$= 2\sqrt{3} + \frac{1}{\sqrt{3}} \times \frac{\sqrt{3}}{\sqrt{3}}$$

$$= 2\sqrt{3} + \frac{\sqrt{3}}{3} = \frac{7\sqrt{3}}{3}$$

A. $\dfrac{7\sqrt{3}}{3}$

その❾

2次方程式を解の公式で解く

$X^2+8X+6=0$を解いてください。（茨城県）

$aX^2+bX+c=0$（$a\neq0$）で、
aが1でないときと、1でも因数分解できないときは解の公式です。

$1X^2+8X+6=0$ は因数分解できないので
$\underset{a}{1}\quad\underset{b}{8}\quad\underset{c}{6}$

$X=\dfrac{-b\pm\sqrt{b^2-4ac}}{2a}$ ⟸ 解の公式

$X=\dfrac{-(8)\pm\sqrt{(8)^2-4\times(1)\times(6)}}{2\times(1)}$

$=\dfrac{-8\pm\sqrt{64-24}}{2}=\dfrac{-8\pm\sqrt{40}}{2}=\dfrac{-8\pm2\sqrt{10}}{2}=-4\pm\sqrt{10}$

A. $X=-4\pm\sqrt{10}$

$2X^2+3X-4=0$を解いてください。（佐賀県）

$X=\dfrac{-b\pm\sqrt{b^2-4ac}}{2a}$ ⟸ 解の公式

$=\dfrac{-(3)\pm\sqrt{(3)^2-4\times(2)\times(-4)}}{2\times(2)}$

$=\dfrac{-3\pm\sqrt{41}}{4}$

A. $X=\dfrac{-3\pm\sqrt{41}}{4}$

2点を通る1次関数と y＝aX²の交点を求める

（−2,8）を通る関数y＝aX²と
2点（−1,−1）（1,5）を通る直線との交点を
求めてください。

この1問の中に

「グラフ上の点はグラフの式をみたす」

「2点を通る直線は、傾きを計算→2点どちらかを使って式を求める」

「グラフの交点は連立方程式の解」「解の公式」…

これだけのポイントが入っています。

テスト前にやっておくと効果絶大です。

y＝aX²が（−2,8）を通るから

$8=a×(-2)^2=4a$　a=2

y＝2X²…①

直線は1次関数だから　y＝aX＋b とおく。

（−1,−1）（1,5）の2点を通る、より

$a=\dfrac{5-(-1)}{1-(-1)}=\dfrac{6}{2}=3$　y＝aX＋b に代入

y＝3X＋b　これが（1,5）を通るから

5＝3×1＋b　b＝2　y＝3X＋b に代入

y＝3X＋2 …②

$y=2x^2\cdots$① と $y=3x+2\cdots$②

の交点はこの2式の連立方程式の解①を②に代入して
$2x^2=3x+2$

$2x^2-3x-2=0$ ⇨ aが1でないので ⇨ 解の公式

$x=\dfrac{-b\pm\sqrt{b^2-4ac}}{2a}$ ⇦ 解の公式

$=\dfrac{-(-3)\pm\sqrt{(-3)^2-4\times(2)\times(-2)}}{2\times(2)}$

$=\dfrac{3\pm\sqrt{9+16}}{4}=\dfrac{3\pm\sqrt{25}}{4}=\dfrac{3\pm5}{4}$

$x=\dfrac{3+5}{4}=2$ と $x=\dfrac{3-5}{4}=-\dfrac{1}{2}$

②に代入　　　　　②に代入

$y=3\times2+2=8$　　　　$y=3\times\left(-\dfrac{1}{2}\right)+2=\dfrac{1}{2}$

A. $(2,8)$と$\left(-\dfrac{1}{2},\dfrac{1}{2}\right)$

いかがでしたか？

直感的に、今やったことを、
試験前にもう一度やって試験に臨めば、
計算問題は楽になるだろうなという気がしたはずです。
それが分かることが大切です。

数学の試験はスポーツの試合に似ています。
スポーツでは、試合前の調整によって
結果は変わってきます。
数学のテストも同様です。
ここで取り上げた、
ちょっとめんどうだなと感じる計算問題を
直前にやっておけば
数学のテストの最初のほうに出てくる
計算問題が簡単に思えて、
強気に乗っていけます。
ぜひためしてみてください！

「考えなくても解ける」
模擬テスト

時間：45分　100点満点

① 次の計算をしてください。(各4点 計28点)

① $(-2) \times 3 + 15 \div (-5)$　　　(茨城県)

② $\frac{1}{6} \times \left(-\frac{3}{2}\right)^2 - \frac{3}{4}$　　　(大阪府)

③ $-18a^2b^3 \div 3ab$　　　(千葉県)

④ $\frac{3x-y}{2} - \frac{7x-y}{5}$　　　(熊本県)

⑤ $3\sqrt{5} - \sqrt{20}$　　　(和歌山県)

⑥ $\sqrt{24} + \frac{30}{\sqrt{6}} - \sqrt{6}$　　　(青森県)

⑦ $\sqrt{2}\,(\sqrt{18}-2) + \frac{4}{\sqrt{2}}$　　　(京都府)

② 因数分解してください。(各3点 計9点)

① $3x^2 - 27$　　　(山形県)

② $2x^2 - 16xy + 32y^2$　　　(香川県)

③ $x(x+7) - 8$　　　(神奈川県)

③ 次の問いに答えてください。(各4点 計8点)

① $x^2 + 5x + 3 = 0$ を解いてください。　　　(山梨県)

② $2 : 5 = (x-2) : (x+7)$ を満たす
　 x の値を求めてください。　　　(千葉県)

④ かばんを1個買ったところ、定価の25％引きで売っていたので、代金は1650円でした。このときの定価を求めてください（消費税は考えません）。

(7点)（三重県改題）

⑤ 3枚のコインを同時に投げるとき、1枚は表で2枚は裏となる確率を求めてください。 (7点)（佐賀県）

⑥ 関数y＝−X²のグラフ上にX座標がそれぞれ−3、1となる点A、Bを取るとき、次の問いに答えなさい。

① 2点A、Bを通る直線の式を求めなさい。(7点)

② △OABの面積を求めなさい。(7点)

(新潟県)

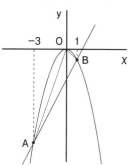

⑦ 円周上に4点A、B、C、Dがあります。$\overparen{AD}=\overparen{CD}$のとき∠ACD＝a°とすると、∠ABCの大きさをaを用いて表してください。

(6点)（栃木県改題）

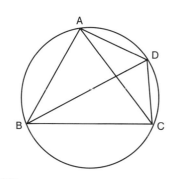

8 線分AD上に点Bがあります。三角形CABと三角形EBDは正三角形です。CA上に点Fをとります。FDとEBとの交点をG、CF＝3cmのとき、BGの長さは何cmですか。

(7点)（香川県改題）

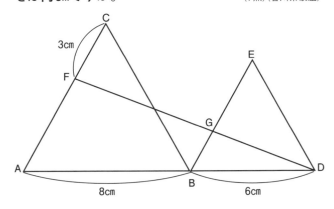

9 下図の正四面体は、1辺の長さが8cmである。辺BC、CDの中点をそれぞれ点P、Qとするとき、アとイに答えてください。

ア AQの長さを求めなさい。(7点)

イ △APQの面積を求めなさい。(7点)

（青森県改題）

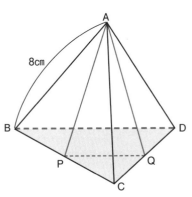

答えと解説

① 次の計算をしてください。

① $(-2) \times 3 + 15 \div (-5) = -6 - 3 = -9$

② $\dfrac{1}{6} \times \left(-\dfrac{3}{2}\right)^2 - \dfrac{3}{4} = \dfrac{1}{\underset{2}{6}} \times \dfrac{\overset{3}{9}}{4} - \dfrac{3}{4}$

$= \dfrac{3}{8} - \dfrac{3}{4} = \dfrac{3}{8} - \dfrac{6}{8} = -\dfrac{3}{8}$

③ $-18a^2b^3 \div 3ab = -\dfrac{18a^2b^3}{3ab} = -6ab^2$

④ $\dfrac{3x-y}{2} - \dfrac{7x-y}{5} = \dfrac{5(3x-y) - 2(7x-y)}{10}$

$= \dfrac{15x - 5y - 14x + 2y}{10} = \dfrac{x - 3y}{10}$

⑤ $3\sqrt{5} - \sqrt{20} = 3\sqrt{5} - \sqrt{4 \times 5} = 3\sqrt{5} - 2\sqrt{5} = \sqrt{5}$

⑥ $\sqrt{24} + \dfrac{30}{\sqrt{6}} - \sqrt{6} = \sqrt{4 \times 6} + \dfrac{30 \times \sqrt{6}}{\sqrt{6} \times \sqrt{6}} - \sqrt{6}$

$= 2\sqrt{6} + \dfrac{30\sqrt{6}}{6} - \sqrt{6}$

$= 2\sqrt{6} + 5\sqrt{6} - \sqrt{6} = 6\sqrt{6}$

⑦ $\sqrt{2}\,(\sqrt{18} - 2) + \dfrac{4}{\sqrt{2}} = \sqrt{36} - 2\sqrt{2} + \dfrac{4 \times \sqrt{2}}{\sqrt{2} \times \sqrt{2}}$

$= 6 - 2\sqrt{2} + \dfrac{4\sqrt{2}}{2}$

$= 6 - 2\sqrt{2} + 2\sqrt{2} = 6$

② 因数分解してください。

① $3X^2-27=3(X^2-9)=3(X+3)(X-3)$

② $2X^2-16Xy+32y^2=2(X^2-8Xy+16y^2)$
$$=2(X-4y)^2$$

③ $X(X+7)-8=X^2+7X-8$
$$=(X+8)(X-1)$$

③ 次の問いに答えてください。

① $X^2+5X+3=0$を解いてください。
〈解の公式〉

$$aX^2+bX+c=0 \Rightarrow X=\frac{-b\pm\sqrt{b^2-4ac}}{2a}$$

$$X=\frac{-5\pm\sqrt{5^2-4\times1\times3}}{2\times1}=\frac{-5\pm\sqrt{13}}{2}$$

② $2:5=(X-2):(X+7)$
$$2(X+7)=5(X-2)$$
$$2X+14=5X-10$$
$$2X-5X=-10-14$$
$$-3X=-24$$
$$X=8$$

④ かばんを1個買ったところ、定価の25％引きで

$\underset{(1-0.25)\,X}{\text{定価の25％引き}}$

売っていたので、代金は1650円でした。このときの

定価を求めてください（消費税は考えません）。

$\underset{X}{\text{定価}}$

求める定価をX円として書き込みます。

書き込みから

$(1-0.25)X=1650$

$0.75X=1650$

両辺に100を掛けます

$75X=165000$

$X=165000÷75=2200$

A. 2200円

⑤ 樹形図を書きます。

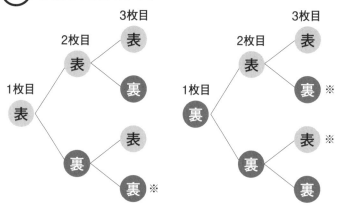

8回やって（表ー裏ー裏）（裏ー表ー裏）（裏ー裏ー表）の
3回起こるから確率は $\frac{3}{8}$

A. $\frac{3}{8}$

⑥ 問題文にあることを青字のように書き入れます。

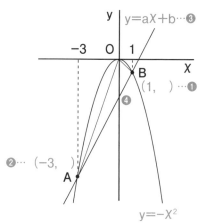

❶❷❸❹と解いていくと
イモヅル式です。
❸2点 $(-3,-9)$ $(1,-1)$ を
通る直線です。
$y=ax+b$ で
$a=\frac{-1-(-9)}{1-(-3)}=\frac{8}{4}=2$
$y=2x+b$
$(1,-1)$ を通るので
$-1=2×1+b$ $b=-3$

A. ①$y=2x-3$

y=2X−3とy軸との交点をCとすると
△OAB=△OCA+△OCB
それぞれOCを底辺として
面積を求めると
$\triangle OAB = 3 \times 3 \times \frac{1}{2} + 3 \times 1 \times \frac{1}{2}$
$= \frac{9}{2} + \frac{3}{2} = 6$

A. ② 6

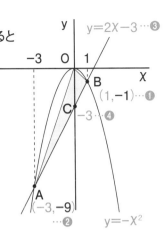

7 円周上に4点A、B、C、Dがあります。$\overset{\frown}{AD}=\overset{\frown}{CD}$ のとき∠ACD=a°とすると、∠ABCの大きさをaを用いて表してください。

問題文の下線部にあることを青字のように書き入れ、続けて円周角を書き入れます。

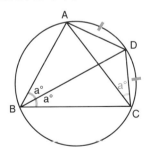

$\overset{\frown}{AD}$の円周角より∠ACD=∠ABD=a°
$\overset{\frown}{AD}=\overset{\frown}{CD}$により∠ABD=∠DBC=a°
よって∠ABC=2a°

A. ∠ABC=2a°

8 線分AD上に点Bがあります。
三角形CABと三角形EBDは正三角形です。
青字部分を図に書き込みます。

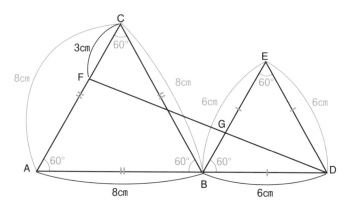

あとはイモヅルです。

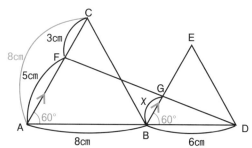

FA∥EB △DGB∽△DFA
が分かれば勝負ありです。
GB＝X(cm)とすると

X：5＝6：14

14X＝30

$X＝\dfrac{30}{14}＝\dfrac{15}{7}$

A. $\dfrac{15}{7}$(cm)

9 下図の正四面体は、1辺の長さが8cmである。辺BC、CDの中点をそれぞれ点P、Qとするとき、アとイに答えてください。

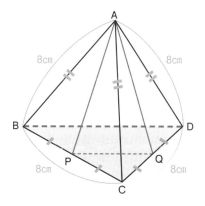

青字部分を図に書き込みます。

あとはイモヅルです。

△ACDに着目すると

AQ＝X（cm）とおくと、

△ACQについて

三平方の定理より

$4^2＋X^2＝8^2$

$X^2＝64－16＝48$

X＞0だから

$X＝\sqrt{48}＝4\sqrt{3}$

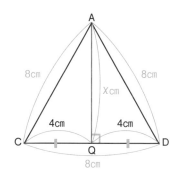

A. ア：$4\sqrt{3}$cm

中点連結定理より、
PQはBDの$\frac{1}{2}$の長さです

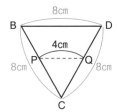

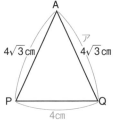

この面積だから

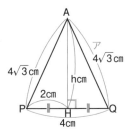

$2^2+h^2=(4\sqrt{3})^2$

$h^2=48-4=44$　$h>0$

$h=\sqrt{44}=2\sqrt{11}$

$\triangle APQ=\frac{1}{2}\times4\times2\sqrt{11}=4\sqrt{11}$

A. イ：は$4\sqrt{11}$（cm²）

著者紹介

間地 秀三（まじ しゅうぞう）

1950年生まれ。数学専門塾「ピタゴラス」主宰。長年にわたり小学・中学・高校生に基礎の総復習から受験対策まで数学の個人指導を行う。学校や大手塾の授業でつまずいた子どもたちでも、「苦手」を「得意」に変えられると話題の指導法で、地元関西の名門校を中心に数多くの教え子を合格に導く。その経験から生み出された短時間で簡単にわかる数学・算数のマスター法を数学書として多数発表し、子どもだけでなくその親や大人にまで好評を博する。主な著書に『見るだけで頭に入る算数』『見るだけでストン！と頭に入る中学数学』（いずれも小社刊）、『小学6年分の算数が3ステップで面白いほど身につく本』（明日香出版社）などがある。

「見て」「書く」だけで今の実力で10点アップ！

高校受験の数学

2020年1月1日　第1刷

著　者		間地秀三
発行者		小澤源太郎
責任編集		株式会社プライム涌光

電話　編集部　03(3203)2850

発行所　株式会社青春出版社

東京都新宿区若松町12番1号〒162-0056
振替番号　00190-7-98602
電話　営業部　03(3207)1916

印刷・大日本印刷　　製本・ナショナル製本

万一、落丁、乱丁がありました節は、お取りかえします

ISBN978-4-413-11310-6 C0041
©Shuzo Maji 2020 Printed in Japan